U0051790

ONE-PIECE

一件有型・文青女子系
連身褲&連身裙
Boutique 社◎授權

只要內搭不同服飾，
就能夠大幅拓展
穿搭範圍的連身褲與連身裙。
書中介紹許多
非常適合成年女子穿著的款式設計。
想不想以親手製作的連身褲與連身裙，
盡情地享受穿搭樂趣呢？

CONTENTS

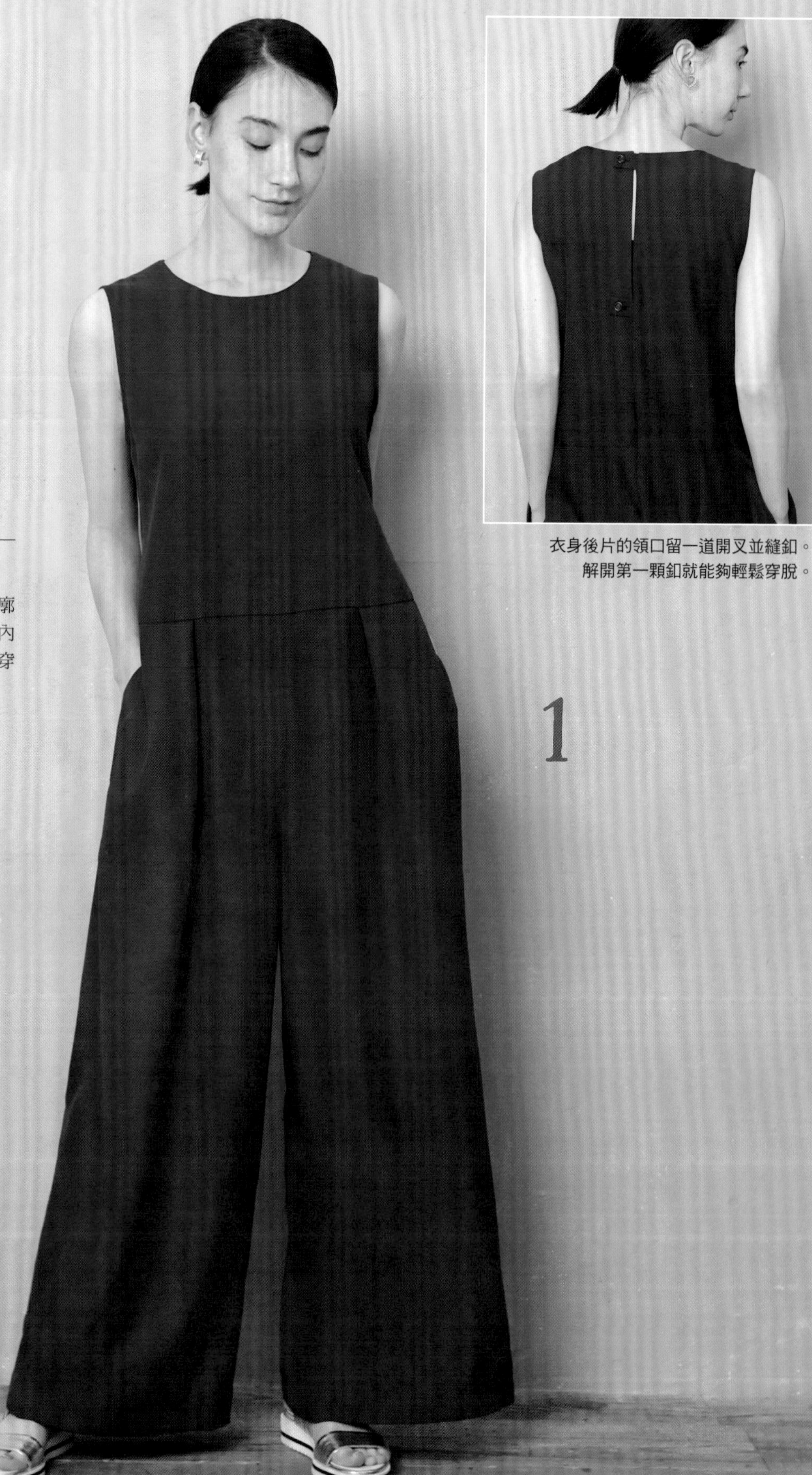

衣身後片的領口留一道開叉並縫釦。
解開第一顆釦就能夠輕鬆穿脫。

1

無袖連身褲

作法 ▸▸ P.34

率性又帶有柔美氛圍的海軍藍連身褲。輪廓漂亮，著感舒適，單穿就顯得帥氣有型。內搭其他服飾，任何季節都能夠盡情地享受穿搭樂趣。

布料提供 ▸ 布地のお店 Solpano
（52179-21）
作品製作 ▸ 金丸かほり

耳環／MDM
涼鞋／TALANTON by DIANA
（DIANA 銀座本店）

頭巾／ATRENA（アトレナ）
涼鞋／TALANTON by DIANA（DIANA 銀座本店）

鞋子／RABOKIGOSHI

連身衣外隨意披上一件開襟毛衣，
享受輕鬆舒適穿搭。

內搭白色襯衫，展現清新風格的打扮。

項鍊／MDM
上衣／prit
綁帶鞋／RABOKIGOSHI

2

搭配同布腰帶的 V領連身褲

作法 ▸▸ P.38

具垂墜感的藻綠色布料作成的連身褲。寬鬆設計，但開深V領而充滿協調美感，看起來更俐落。搭配相同布料縫製的腰帶更顯腰身。

布料提供 ▸ 布地のお店 Solpano（22203-80）
作品製作 ▸ 小澤のぶ子

衣身後片領口
也開深V的款式設計。

3

V領連身褲

作法 ▸▸ P.38
作法（襯褲）▸▸ P.59

外形簡單素雅的灰色連身褲。變換穿搭，就能夠作出帥氣休閒或漂亮優雅打扮，深具魅力的款式設計。

布料提供 ▸ 服地のARAI
作品製作 ▸ 小澤のぶ子

襯褲

縫製連身褲時，一併製作穿搭舒爽不黏身、又能夠避免衣服太透明的襯褲吧！

包鞋／RABOKIGOSHI

因為寬肩帶而顯得更可愛。
後片腰頭穿入鬆緊帶。

4

寬肩帶喇叭裙

作法 ▸▸ P.42

裙身呈喇叭狀展開，輪廓十分可愛的吊帶裙。
使用色彩鮮豔的皇家藍法國亞麻布。只有後片腰頭穿入鬆緊帶，外形清爽俐落的喇叭裙。

布料提供 ▸ 布地のお店 Solpano
（22409-502）
作品製作 ▸ 加藤容子

貝蕾帽／ATRENA（アトレナ）
襪子／靴下屋（Tabio）
鞋子／DIANA（DIANA 銀座本店）

5

寬肩帶圓裙

作法 ▸▸ P.42

高雅大方的灰色過膝中長吊帶裙。肩帶由肩部朝著腰頭中心呈V字形的設計，腰部看起來更纖細。以質地柔軟的羅馬布縫製完成，著感十分舒適。

布料提供 ▸ 布地のお店 Solpano
（41668-13）
作品製作 ▸ 加藤容子

緊身褲襪／靴下屋（Tabio）
鞋子／DIANA（DIANA 銀座本店）

6

腰部打褶的吊帶褲

作法 ▸▸ P.44

方形輪廓與高腰設計的經典吊帶褲。前片腰部打褶，後片腰頭穿入鬆緊帶。使用適合內搭任何服飾的亮米色彈性斜紋棉布製作。

布料提供 ▸ 布地のお店 Solpano
（11459-3）
作品製作 ▸ 金丸かほり

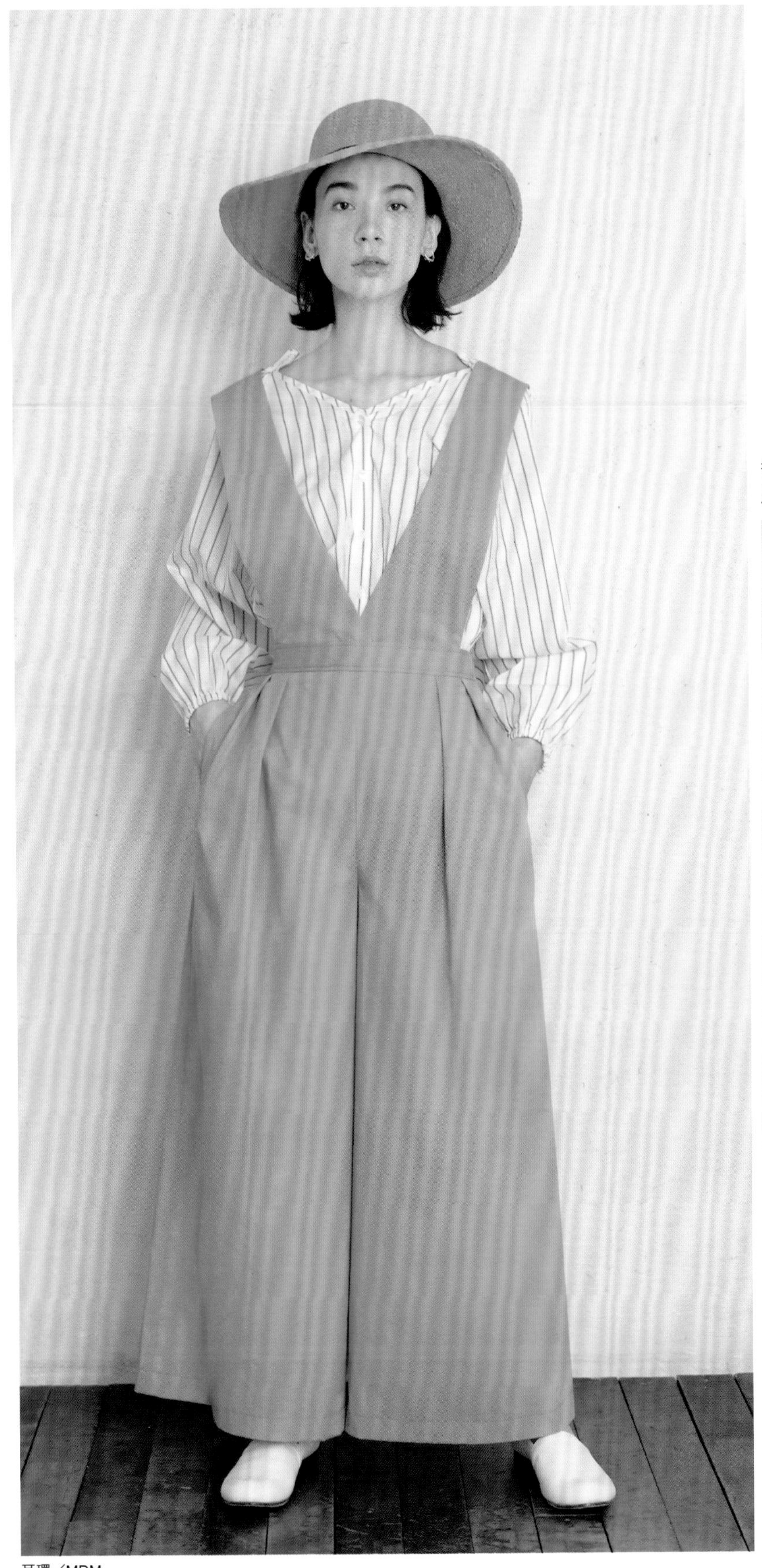

耳環／MDM
帽子／ATRENA（アトレナ）
襯衫／Cepo（BLUEMATE）
鞋子／RABOKIGOSHI

後片腰頭穿入鬆緊帶。
肩帶縫釦，可調節長度。

長袖針織衫／Cepo（BLUEMATE）
鞋子／DIANA WELLFIT
（DIANA 銀座本店）

7

V領背心裙

作法 ▸▸ P.47

俐落清爽剪裁的V領背心裙。整體氛圍會因內搭服飾而大不同，可盡情地享受穿搭樂趣。以質感絕佳的灰色布料完成氣質高雅的設計。

布料提供 ▸ 服地のARAI
作品製作 ▸ 小澤のぶ子

耳環／MDM
襪子／靴下屋（Tabio）
綁帶鞋／RABOKIGOSHI

8

V領背心裙

作法 ▸▸ P.47

帶灰的粉紅色與A形輪廓，充滿柔美嫵媚韻味的背心裙。以線條俐落的深V領為重點。內搭簡單素雅服飾，立即展現主角風采的背心裙。

布料提供 ▸ 清原
作品製作 ▸ 小澤のぶ子

上衣／prit
襪子／靴下屋（Tabio）

9

改變肩帶固定方式，就能夠穿出兩種造型。
肩帶垂直搭在肩上，展現帥氣清爽打扮。

肩帶在背後交叉的甜美可愛穿法。

直條紋亞麻吊帶裙

作法 ▸▸ P.50

以充滿自然風情的直條紋先染亞麻布縫製的背心裙。形成蓬鬆細褶後展開的腰部剪接最可愛。肩帶穿過前片衣身胸前部位的釦孔，依喜好調節長度後打結即可。

布料提供 ▸ 布地のお店 Solpano（35353-31）
作品製作 ▸ 吉田みか子

10

直筒背心裙

作法 ▸▸ P.52

以海軍藍的馬德拉斯格紋布縫製完成，外形可愛的直筒背心裙。往頭上一套就能夠穿在身上的款式設計最可喜。繫上相同布料作成的窄版腰帶就能展現腰身。

布料提供 ▸ 布地のお店Solpano（35421-2）
作品製作 ▸ 寺杣ちあき

涼鞋／TALANTON by DIANA（DIANA 銀座本店）

緊身內搭褲／靴下屋（Tabio）
涼鞋／RABOKIGOSHI

11

直筒背心裙

作法 ▸▸ P.52

以兩側口袋為設計重點的背心裙。簡單素雅的直筒狀輪廓，與容易選擇內搭服飾的圓領設計最富魅力。使用含柔軟棉粒的Twill chambray。

布料提供 ▸ 布地のお店 Solpano
（35398-0）
作品製作 ▸ 寺杣ちあき

12

耳環／MDM
襪子／靴下屋（Tabio）
綁帶鞋／RABOKIGOSHI

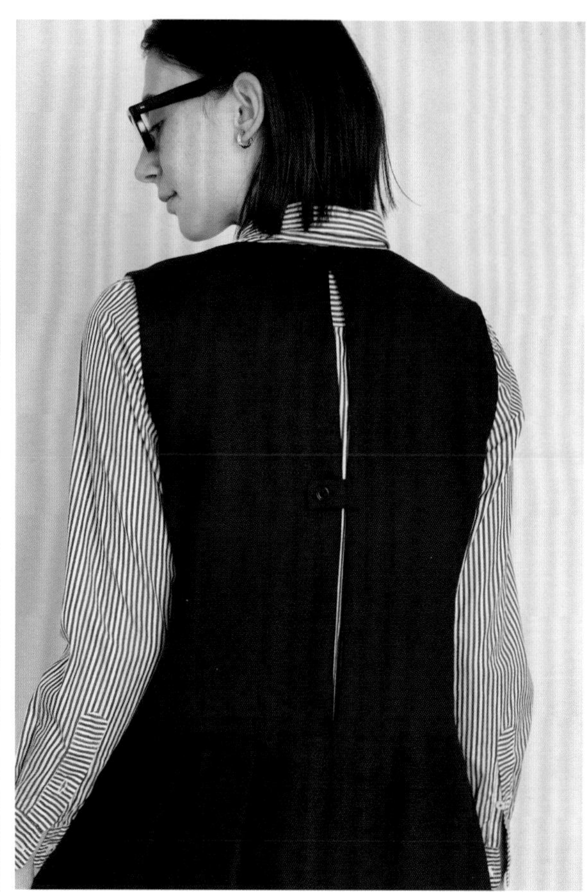

衣身後片留一道長長的開叉後，縫上釦子。
解開第一顆釦就能夠輕鬆穿脫。

腰部剪接打褶的背心裙

作法 ▸▸ P.54

腰部剪接打褶，外形時尚亮眼的背心裙。以黑色法國亞麻布縫製完成，充滿典雅氛圍。內搭襯衫，盡情地享受略帶傳統的優雅穿搭氛圍。

布料提供 ▸ 布地のお店 Solpano（22409-20）
作品製作 ▸ 金丸かほり

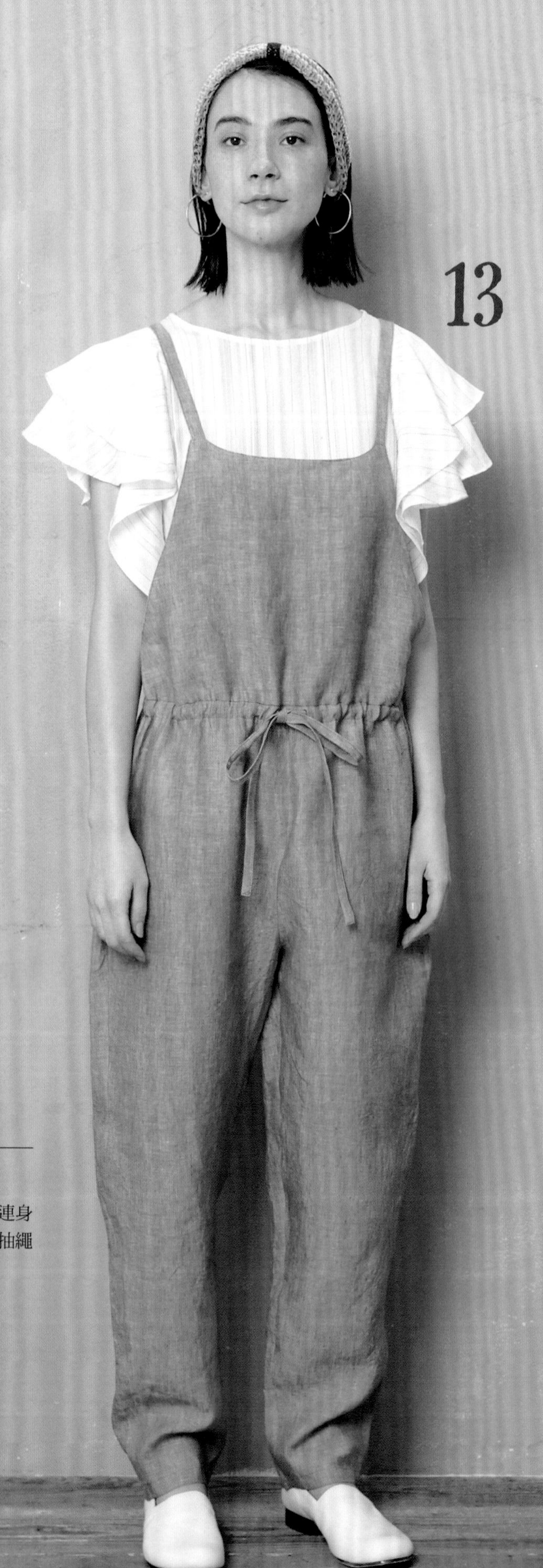

13

腰部抽繩的
工作服風連身褲

作法 ▸▸ P.56

以收窄型輪廓與細窄肩帶增添可愛氛圍的連身褲。搭配可愛襯衫，穿出甜美氛圍。腰部抽繩的款式設計。

布料提供 ▸ 布地のお店 Solpano（25445-11）
作品製作 ▸ 西村明子

頭巾／ATRENA（アトレナ）
耳環／MDM
鞋子／RABOKIGOSHI

衣身後片縫釦，可調節肩帶長度。

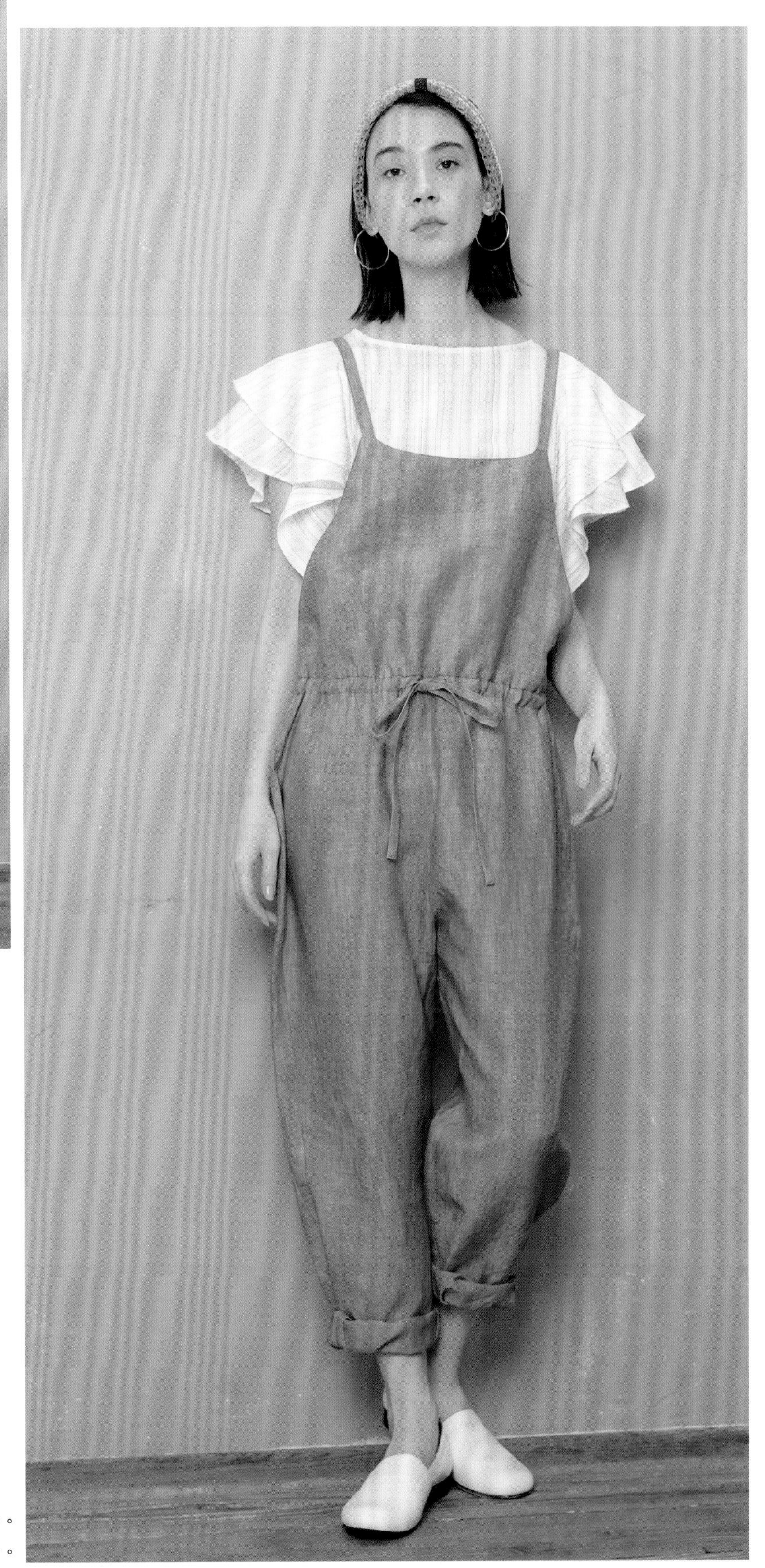

使用舒適涼爽的Linen chambray。
捲起褲腳的輕鬆帥氣打扮。

14

葛倫格紋吊帶裙

作法 ▸▸ P.60

作法 ▸▸ P.60

寬鬆輪廓，時尚亮眼的葛倫格紋背心裙。裙子部分微微展開，不會緊貼身上，寬鬆剪裁，穿搭無壓力。胸前部位進行縫釦，可透過肩帶調節衣長。

布料提供 ▸ 布地のお店 Solpano
（25415-21）
作品製作 ▸ 古屋範子

鞋子／TALANTON by DIANA
（DIANA 銀座本店）

耳環・項鍊／MDM
涼鞋／RABOKIGOSHI

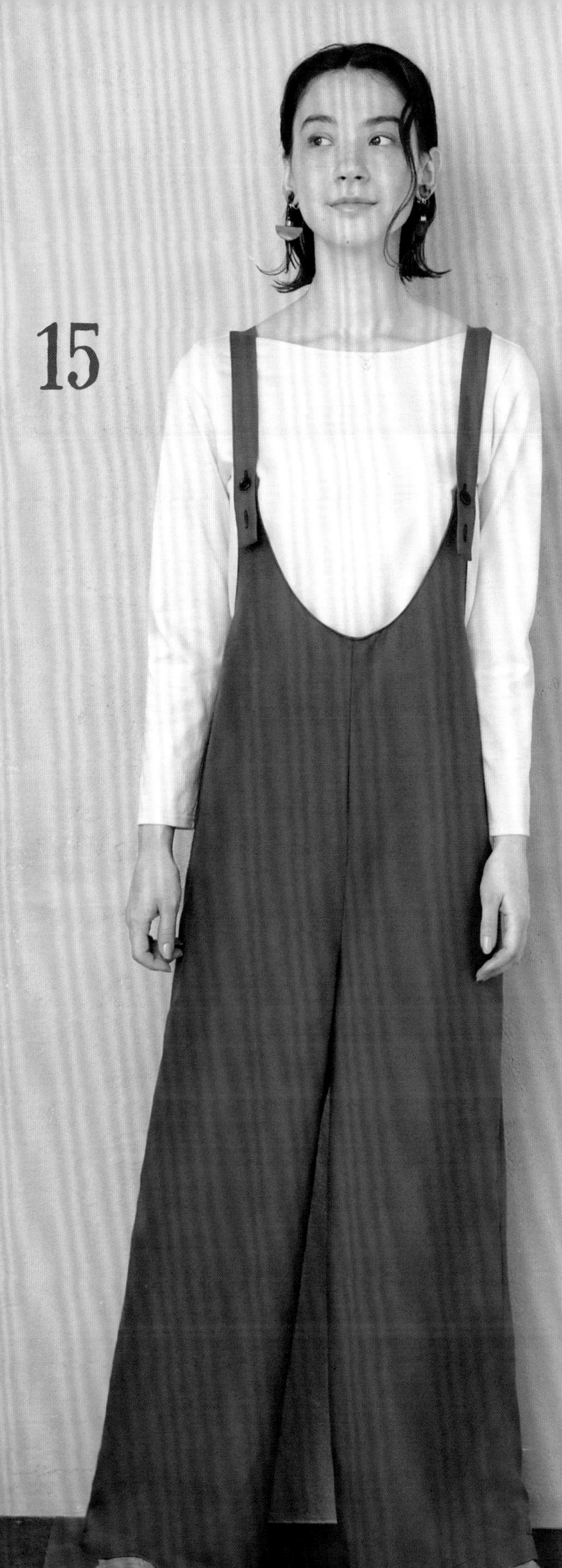

15

喇叭狀輪廓的吊帶褲

作法 ▸▸ P.62

朝著褲腳展開，線條優美的吊帶褲。輪廓寬鬆，但剪裁俐落討喜。挑選卡其色的布料，適合內搭任何服飾。

布料提供 ▸ 布地のお店 Solpano
（13463-4）
作品製作 ▸ 古屋範子

襪子／靴下屋（Tabio）
綁帶鞋／RABOKIGOSHI

16

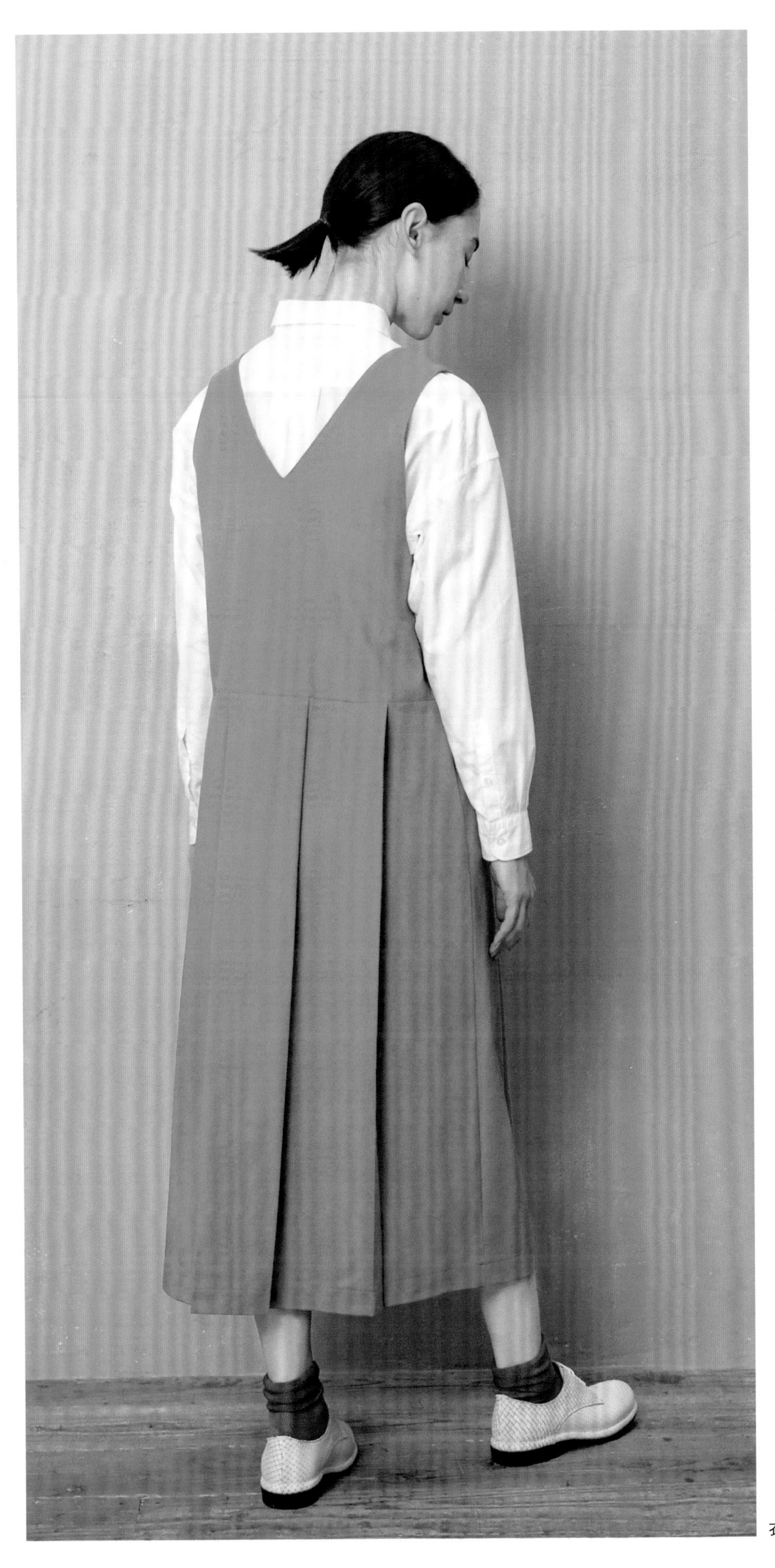

衣身後片也開深V領，充滿清新俐落感。

寬褶背心裙

作法 ▸▸ **P.38**

適度寬鬆，輪廓與寬褶設計充滿成熟韻味的背心裙。以質地柔軟的斜紋棉布縫製完成，特別挑選容易穿搭的芥末色，任何季節都適合穿著。

布料提供 ▸ 清原
作品製作 ▸ 小澤のぶ子

17

後片腰頭進行縫釦，
可調節肩帶長度。

腰部打褶的吊帶裙

作法 ▸▸ P.66

以紫紅色亞麻布縫製完成，腰部打褶的吊帶裙。肩帶呈V型而顯得更俐落，裙子寬鬆，層次分明的款式設計。後片腰頭穿入鬆緊帶而更修身，穿起來更有型。

布料提供 ▸ 布地のお店 Solpano
（22409-702）
作品製作 ▸ 金丸かほり

包鞋／RABOKIGOSHI

針織帽／ATRENA（アトレナ）
襪子／靴下屋（Tabio）

工作服風吊帶裙

作法 ▸▸ P.68

最適合成熟休閒打扮的Hickory Stripe吊帶裙。直筒輪廓穿起來更修身，推薦需要修飾身形的人穿搭。搭配運動鞋，感覺更輕盈。

布料提供 ▸ COSMO TEXTILE
（AY7044-3）
作品製作 ▸ 吉田みか子

18

窄版肩帶使身材看起來更苗條。

襪子／靴下屋（Tabio）
涼鞋／TALANTON by DIANA（DIANA 銀座本店）

19

I 型剪裁吊帶裙

作法 ▸▸ P.70

I型剪裁，充滿流行時尚感的牛仔吊帶裙。高腰、寬肩帶設計令人印象深刻。拉高腰部位置，下半身看起來更修長。

布料提供 ▸ COSMO TEXTILE
（AJ1008）
作品製作 ▸ 小澤のぶ子

後片腰頭穿入鬆緊帶。
左脇邊開叉成為設計重點。

以調節釦調節肩帶長度吧！
左側開叉成為設計重點。

20

可愛風吊帶裙

作法 ▸▸ P.72

散發柔美氛圍的可愛風吊帶裙。以合身但不貼身的剪裁最富魅力。以無光澤感的Powder poplin縫製完成，充滿大人味的背心裙。

布料提供 ▸ 布地のお店 Solpano
（13131-6）
作品製作 ▸ 酒井三菜子

涼鞋／TALANTON by DIANA
（DIANA 銀座本店）

21

後片剪裁清爽俐落。
可依喜好調節肩帶長度。

腰部褶襉連身褲

作法 ▸▸ P.74

可盡情穿出柔美嫵媚風情的小可愛風吊帶褲，細肩帶與交叉後形成的褶襉成為設計重點。以具垂墜感的化纖布料縫製完成，是外形清新高雅的連身褲。

布料提供 ▸ 布地のお店 Solpano
（52179-15）
作品製作 ▸ 酒井三菜子

耳環／MDM
襯衫／Cepo（BLUEMATE）
綁帶鞋／RABOKIGOSHI

手串／MDM
帽子／ATRENA（アトレナ）
繫踝鞋／RABOKIGOSHI

搭配無袖襯衫，充滿清涼氛圍。
寬鬆剪裁，著感舒適，但不會顯得太過休閒的款式設計。

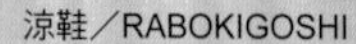
涼鞋／RABOKIGOSHI

22

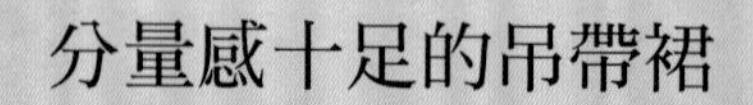
分量感十足的吊帶裙

分量感十足的吊帶裙

作法 ▸▸ P.78

分量感十足，裙身呈喇叭狀展開，裙襬寬闊的吊帶裙。感覺不會太休閒，非常適合成熟女性穿著。使用稍具厚度的half linen Twill。衣身前片的胸前部位安裝金屬釦，可調節肩帶長度。

布料提供 ▸ 清原
作品製作 ▸ 吉田みか子

前後相同款式設計的吊帶裙。

鴨舌帽／ATRENA（アトレナ）
Coveralls jacket／Cepo（BLUEMATE）
襪子／靴下屋（Tabio）

搭配牛仔外套，休閒氛圍更濃厚。
下襬寬闊，呈喇叭狀展開的設計，
建議搭配短版外套。

原寸紙型的用法

1 裁下隨書附贈的原寸紙型。

◆沿著裁剪線，裁下原寸紙型。
◆依據作品號碼，確認紙型上標示的線條種類，以及紙型共分成幾張。

2 在紙上描畫紙型。

◆在紙上描畫紙型後使用。利用以下介紹的兩種方法描畫紙型。

以不透明紙張描畫紙型

將紙型置於描畫紙型的紙張上，
兩張紙之間夾入布用複寫紙（單面），
使用圓齒型點線器，沿著紙型上的線條描畫紙型。

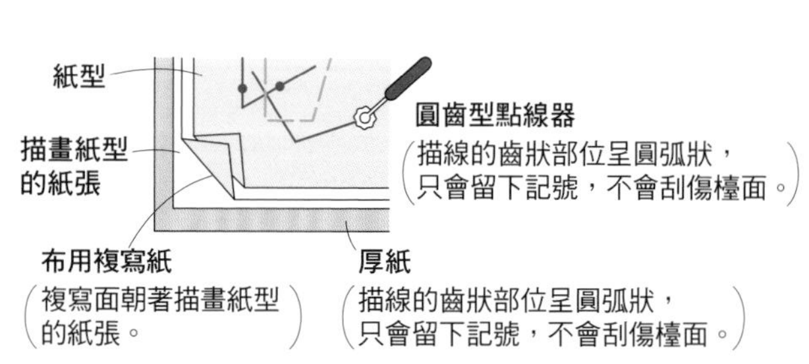

紙型
描畫紙型的紙張
圓齒型點線器
（描線的齒狀部位呈圓弧狀，只會留下記號，不會刮傷檯面。）
布用複寫紙
（複寫面朝著描畫紙型的紙張。）
厚紙
（描線的齒狀部位呈圓弧狀，只會留下記號，不會刮傷檯面。）

以透明紙張描畫紙型

將描畫紙型的透明紙張
（描圖紙等）置於紙型上，
以鉛筆描畫紙型。

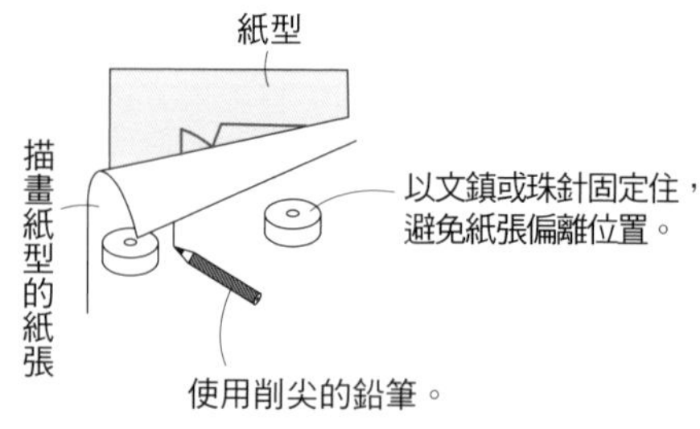

紙型
描畫紙型的紙張
以文鎮或珠針固定住，避免紙張偏離位置。
使用削尖的鉛筆。

【描畫紙型的注意事項】

- 確實描畫「合印」、「接縫位置」、「止縫點」、「布紋方向（直布紋）」等，同時標註各部位「名稱」。
- 一個部位的紙型上，可能出現同時記載著「前片・後片」、「前片・口袋」等情況。此時，必須分別描畫紙型。

3 預留縫份後剪下紙型。

◆紙型上並未預留縫份，請依照作法頁中指示預留縫份。

【預留縫份的注意事項】

- 縫合部位原則上預留相同寬度的縫份。
- 預留的縫份必須與完成線平行。
- 延長後預留縫份時，描畫紙型的紙張先留下餘白，反摺縫份後才進行裁剪，以免縫份不足（請參照實例）。
- 預留縫份寬度因布料素材特性（厚度、伸縮）、開口位置（後片中心、前片中心等）縫製情況而不同。

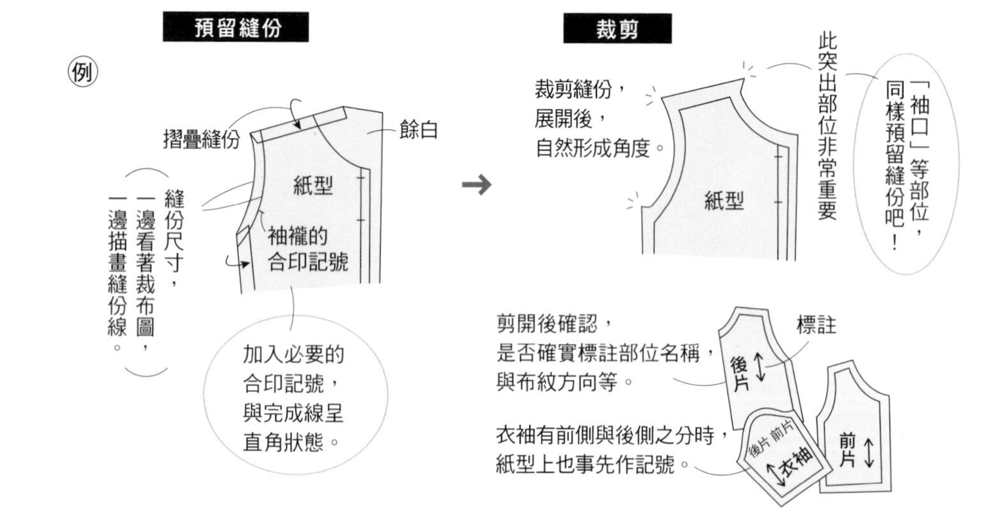

預留縫份
裁剪
例
摺疊縫份
餘白
紙型
縫份尺寸，一邊看著裁布圖，一邊描畫縫份線。
袖襱的合印記號
加入必要的合印記號，與完成線呈直角狀態。
裁剪縫份，展開後，自然形成角度。
此突出部位非常重要
「袖口」等部位，同樣預留縫份吧！
紙型
剪開後確認，是否確實標註部位名稱，與布紋方向等。
標註
後片
衣袖有前側與後側之分時，紙型上也事先作記號。
後片 前片
衣袖
前片

4 將紙型配置在布料上，進行裁布。

- 將必要紙型置於布料上。置放紙型時，一邊留意布料摺疊方式、紙型上記載的布紋方向（直布紋）等，裁布時避免布料偏離位置。

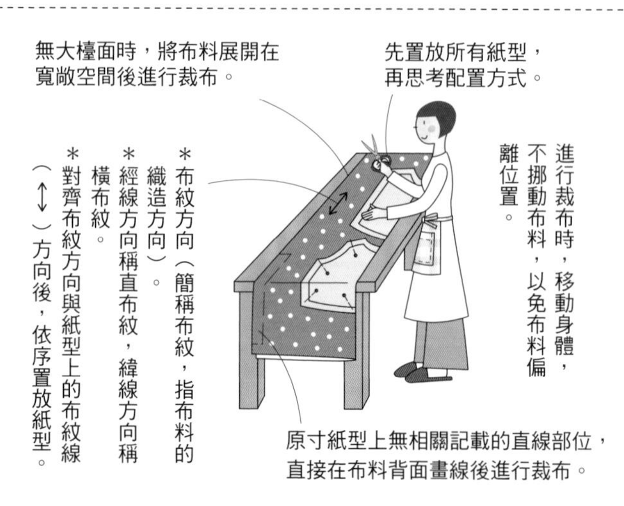

無大檯面時，將布料展開在寬敞空間後進行裁布。
先置放所有紙型，再思考配置方式。
＊布紋方向（簡稱布紋，指布料的織造方向）。
＊經線方向稱直布紋，緯線方向稱橫布紋。
＊對齊布紋方向與紙型上的布紋線（↕）方向後，依序置放紙型。
進行裁布時，移動身體，不挪動布料，以免布料偏離位置。
原寸紙型上無相關記載的直線部位，直接在布料背面畫線後進行裁布。

縫製前的準備

尺寸表（裸體尺寸）

部位	尺寸	S	M	L
周圍尺寸	胸圍	80	84	88
	腰圍	62	66	70
	臀圍	86	90	94
長度尺寸	背長	37	38	39
	腰長	19	20	21
	褲襠長	25	26	27
	褲管長	62	65	68
	袖長	51	52	53
	身長	153	158	163

（單位 cm）

使用記號

記號	說明	記號	說明
———	完成線（粗指示線）	⟷	布紋（箭頭指示直布紋的織紋方向）
———	導引線（細指示線）	︵︵	等分線（可能作記號標註相同尺寸）
— — —	摺雙裁剪線 摺線	● ○ × △ etc.	將紙型對齊成相同尺寸的記號（形狀方面並無特別規定）
∟	直角記號	———	黏著襯
⊖	接合記號		表示定型褶、褶襇的摺疊方式（由斜線高處往低處摺疊布料）
＋	鈕釦（紙型）		
○	鈕釦（作法）		

裁布圖

書中附贈的原寸紙型不含縫份。
請依據作法頁「裁布圖」上記載，預留縫份後，進行裁布。

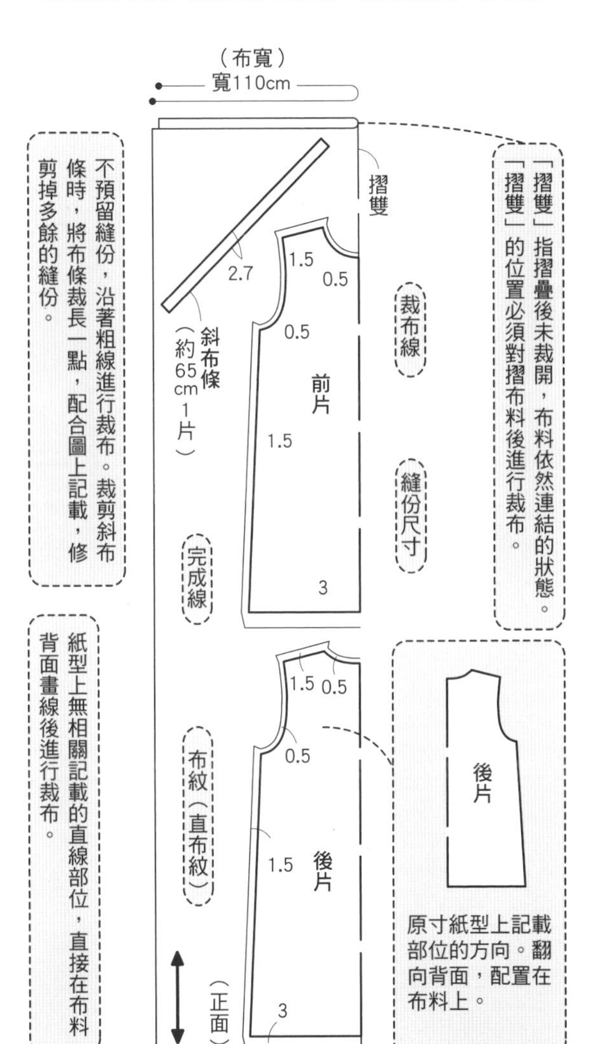

（布寬）
寬110cm
摺雙
不預留縫份，沿著粗線進行裁布。裁剪斜布條時，將布條裁長一點，配合圖上記載，修剪掉多餘的縫份。
「摺雙」指摺疊後未裁開，布料依然連結的狀態。「摺雙」的位置必須對摺布料後進行裁布。
2.7
斜布條（約65cm 1片）
1.5
0.5
0.5
前片
1.5
3
裁布線
縫份尺寸
完成線
1.5
0.5
0.5
1.5
後片
3
布紋（直布紋）
（正面）
紙型上無相關記載的直線部位，直接在布料背面畫線後進行裁布。
後片
原寸紙型上記載部位的方向。翻向背面，配置在布料上。

記號作法

◆兩片一起裁剪時。
布料之間（背面）夾入雙面複寫紙，以圓齒型點線器描畫完成線。合印記號與口袋接縫位置等，也記得作記號喔！

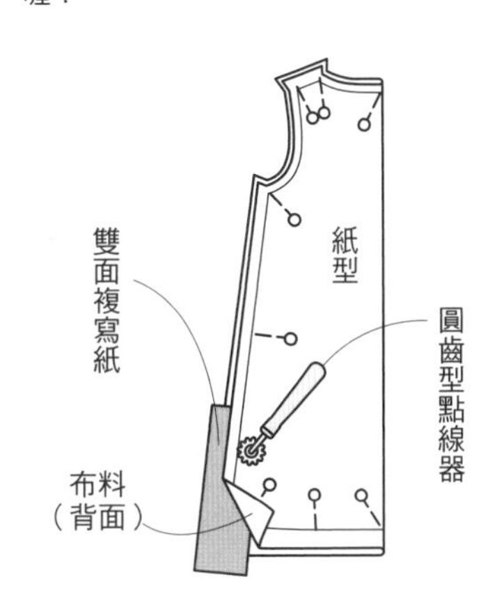

雙面複寫紙
紙型
圓齒型點線器
布料（背面）

◆裁剪一片時。
單面複寫紙的複寫面朝著布料背面，對齊後，以圓齒型點線器描畫完成線。

黏著襯黏貼方法

熨斗不來回熨燙，先處理黏著襯的其中一半，一邊重疊，一邊橫向移動進行壓燙，避免形成空隙，依序完成黏貼步驟。

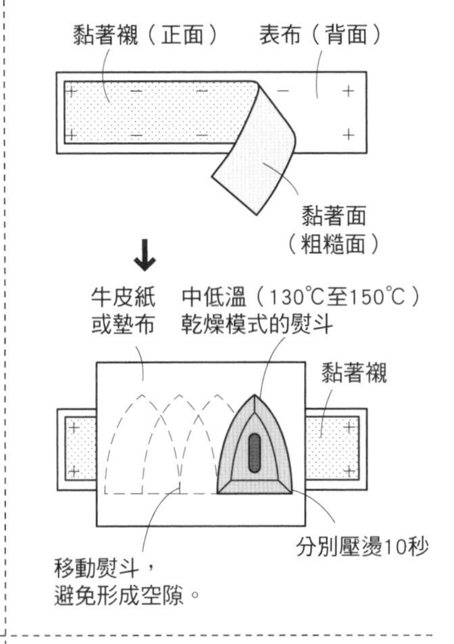

黏著襯（正面）
表布（背面）
黏著面（粗糙面）
牛皮紙或墊布
中低溫（130℃至150℃）乾燥模式的熨斗
黏著襯
分別壓燙10秒
移動熨斗，避免形成空隙。

車縫

縫合起點與終點進行回針縫，以免縫合針目綻開。回針縫係指在相同的車縫針目上重疊車縫2至3次的縫法。

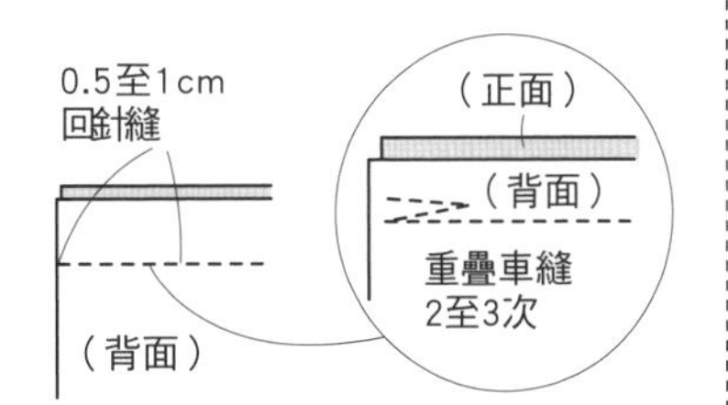

0.5至1cm 回針縫
（正面）
（背面）
重疊車縫2至3次
（背面）

完成尺寸表記方式

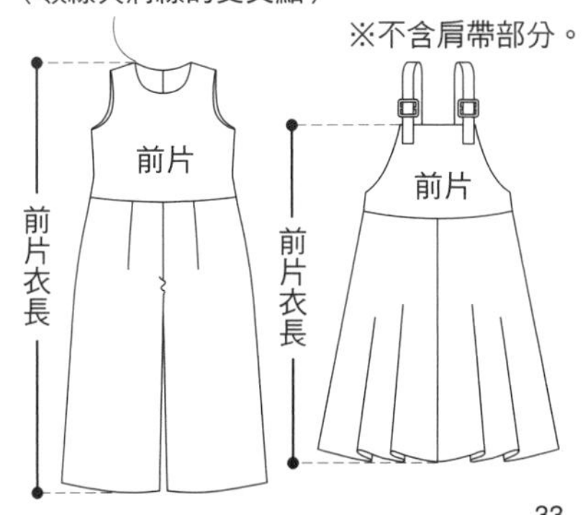

頸點（領線與肩線的交叉點）
※不含肩帶部分。
前片
前片衣長
前片
前片衣長

P.2 No.1

材料 尺寸	S	M	L
表布（聚酯纖維） 寬144cm	310cm	320cm	330cm
黏著襯 寬112cm	50cm	50cm	50cm
鈕釦 直徑1.3cm	2顆	2顆	2顆
完成尺寸 前長	135cm	140cm	145cm

三個數字分別代表
S尺寸
M尺寸
L尺寸
一個數字則代表共通

原寸紙型 A面1

◆**使用部位**…前片／後片／前貼邊／後貼邊／褲子前片／褲子後片／口袋布

＊釦袢、斜布條為直線部位，直接在布料上作記號後進行裁剪。

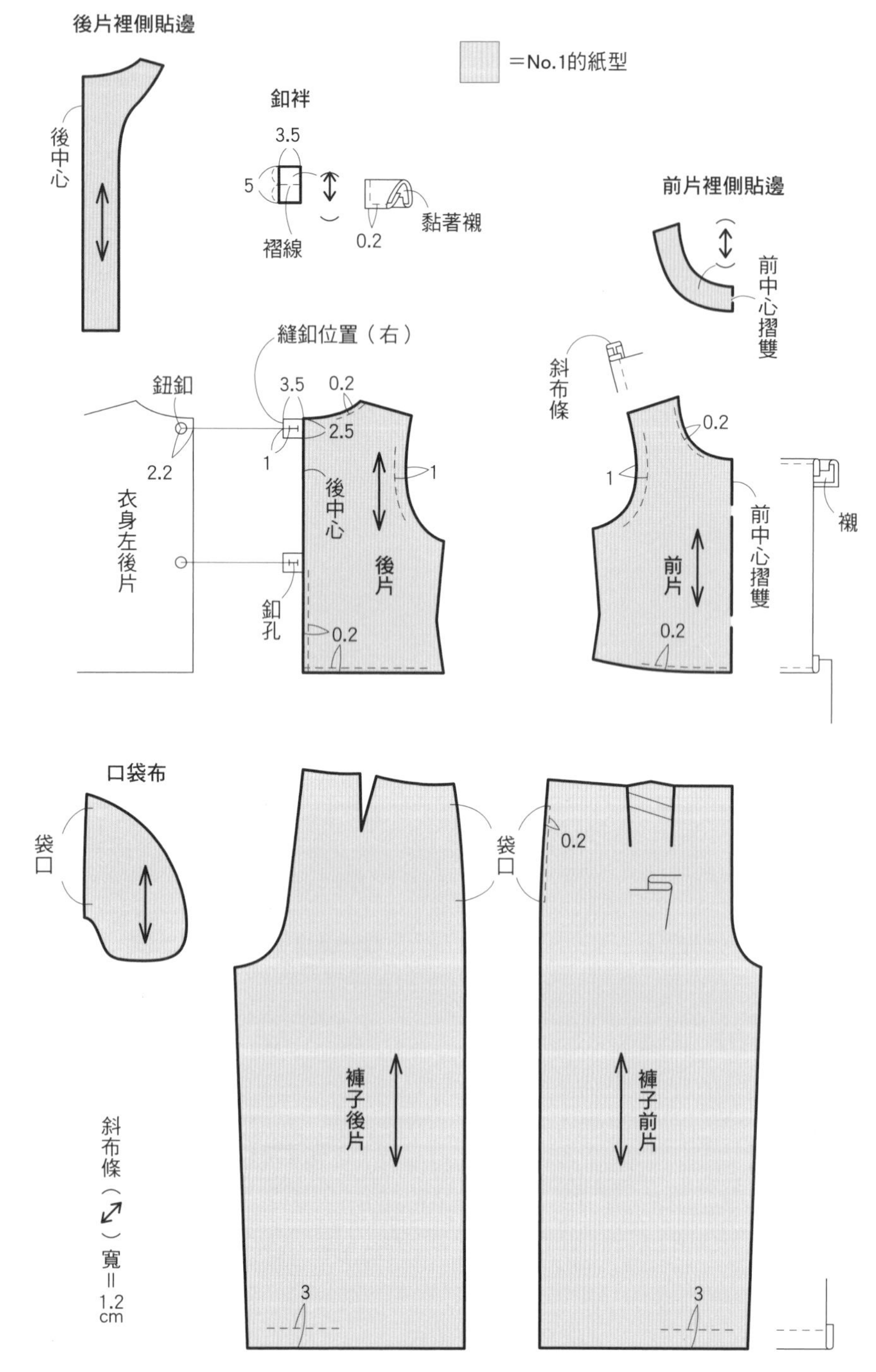

後片裡側貼邊
後中心
＝No.1的紙型
釦袢
3.5
5
摺線
0.2
黏著襯
前片裡側貼邊
前中心摺雙
縫釦位置（右）
鈕釦
3.5
0.2
2.5
1
2.2
衣身左後片
後中心
後片
釦孔
0.2
斜布條
0.2
1
前片
前中心摺雙
0.2
襯
口袋布
袋口
袋口
0.2
褲子後片
褲子前片
3
3
斜布條（↙↗）寬＝1.2cm

表布裁布圖

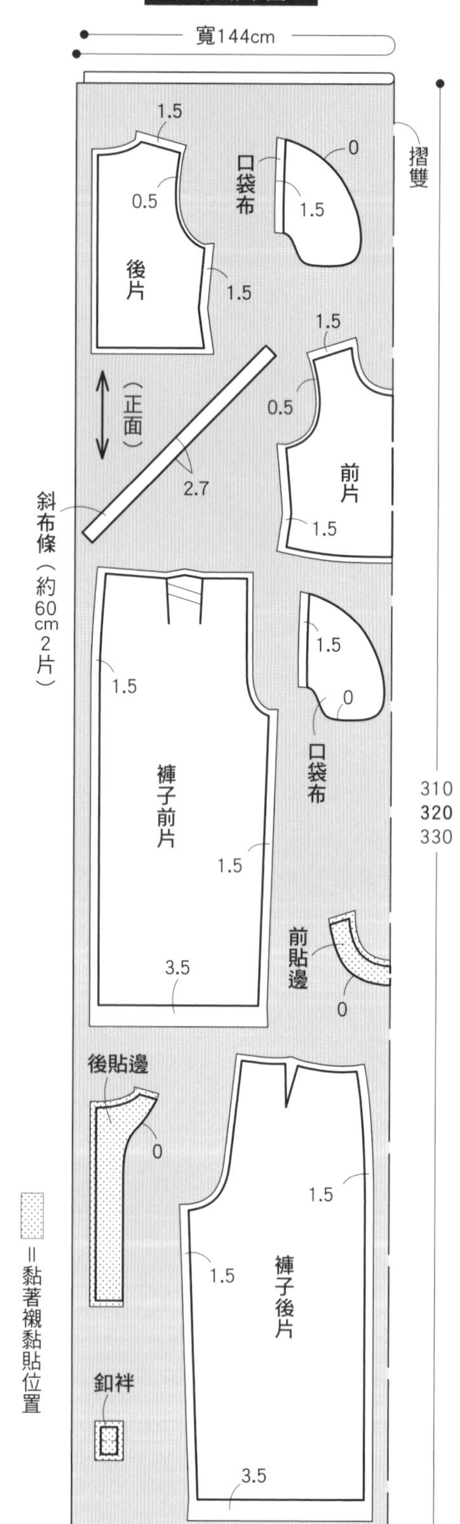

寬144cm
1.5
0.5
後片
1.5
口袋布
0
1.5
摺雙
1.5
0.5
前片
1.5
（正面）
2.7
斜布條（約60cm 2片）
1.5
褲子前片
1.5
3.5
1.5
0
口袋布
前貼邊
0
310
320
330
後貼邊
0
1.5
1.5
褲子後片
3.5
釦袢
＝黏著襯黏貼位置
◆除了指定處之外縫份尺寸皆為1cm

作法順序

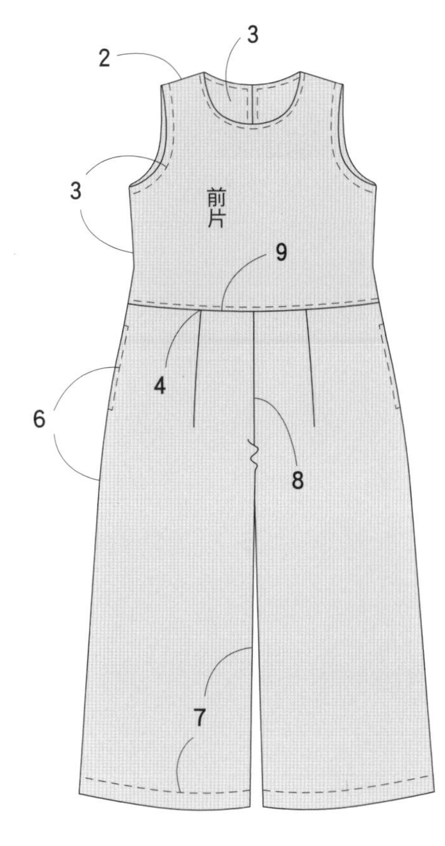

2
3
3
前片
9
4
6
8
7

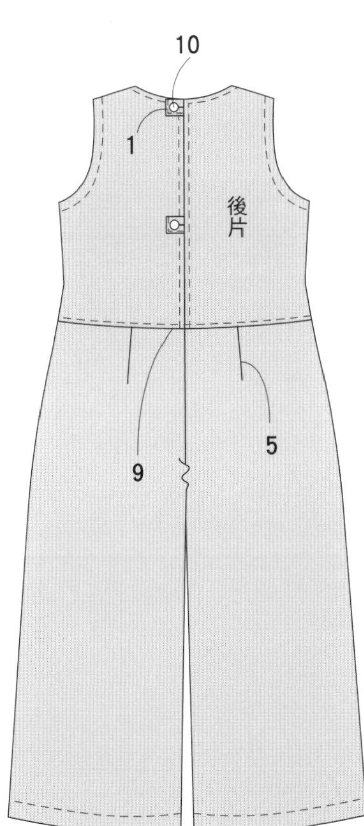

10
1
後片
9
5

作法

◆準備◆①黏貼黏著襯（釦袢、裡側貼邊）。
②裁布端進行Z字形車縫。
（貼邊、肩線、衣身脇邊線、褲子脇邊線、褲檔線、股下線、褲腳線、口袋布）

1 製作釦袢後縫合固定。

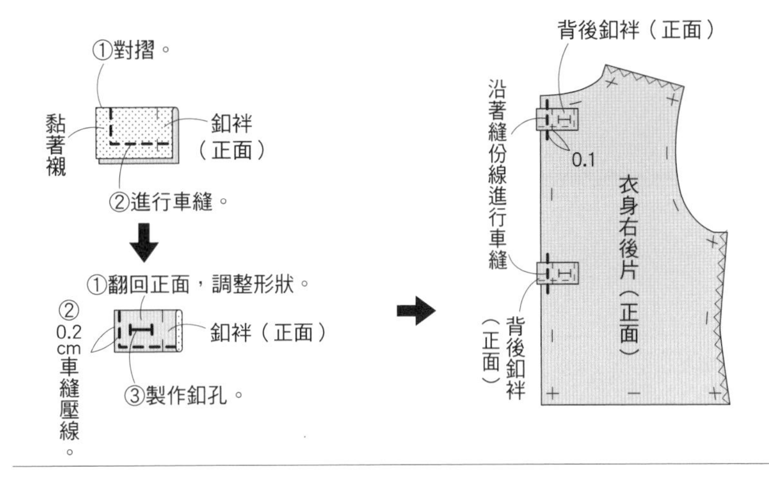

①對摺。
黏著襯
釦袢（正面）
②進行車縫。
①翻回正面，調整形狀。
②0.2cm車縫壓線。
釦袢（正面）
③製作釦孔。
背後釦袢（正面）
沿著縫份線進行車縫
0.1
衣身右後片（正面）
背後釦袢（正面）

2 縫合肩線部位。

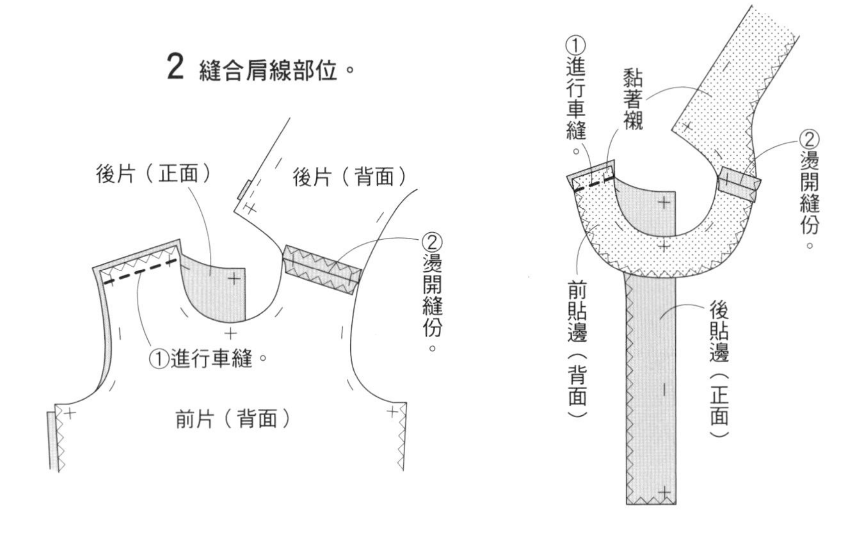

後片（正面）
後片（背面）
②燙開縫份。
①進行車縫。
前片（背面）
①進行車縫。
黏著襯
②燙開縫份。
前貼邊（背面）
後貼邊（正面）

＊斜布條作法＊

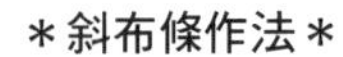

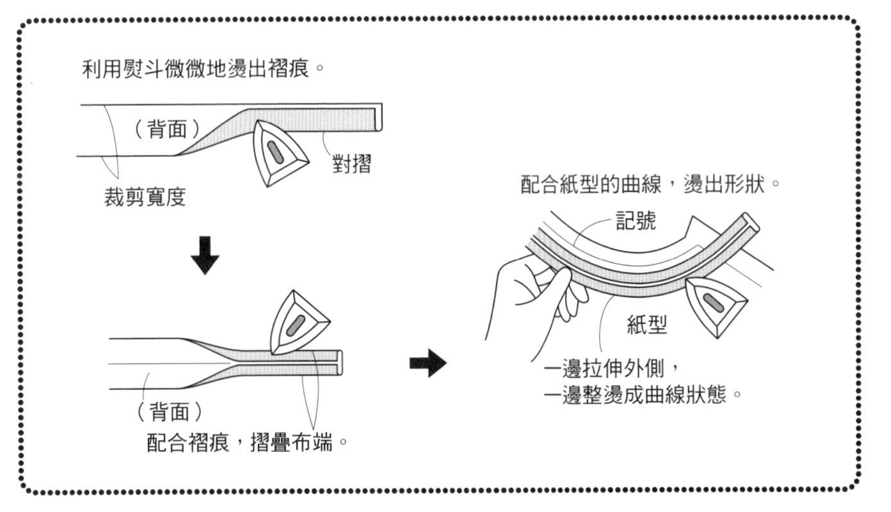

利用熨斗微微地燙出褶痕。
（背面）
對摺
裁剪寬度
（背面）
配合褶痕，摺疊布端。
配合紙型的曲線，燙出形狀。
記號
紙型
一邊拉伸外側，
一邊整燙成曲線狀態。

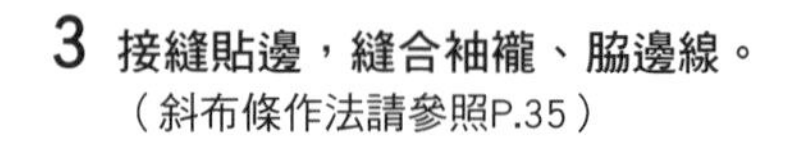

3 接縫貼邊，縫合袖襱、脇邊線。

（斜布條作法請參照P.35）

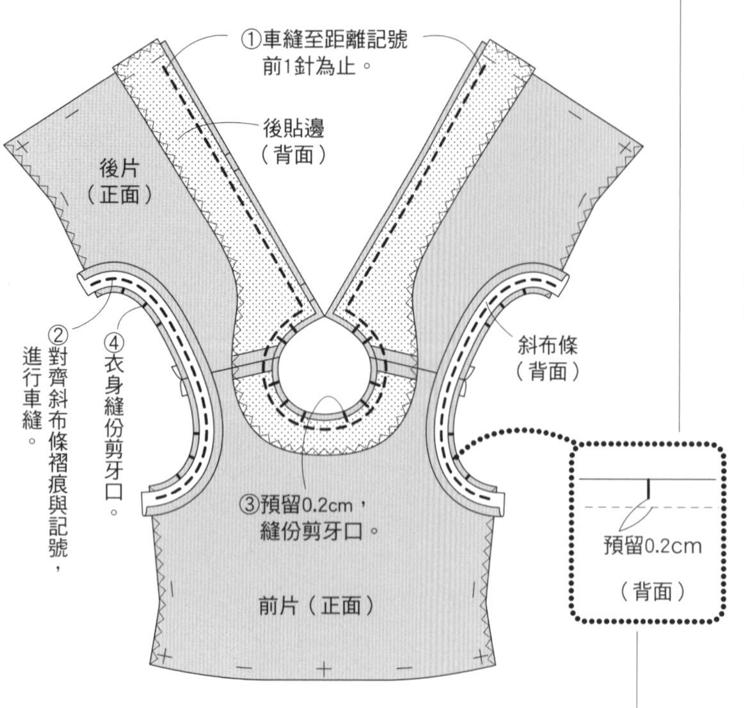

①車縫至距離記號前1針為止。
後貼邊（背面）
後片（正面）
②對齊斜布條褶痕與記號，進行車縫。
④衣身縫份剪牙口。
斜布條（背面）
③預留0.2cm，縫份剪牙口。
前片（正面）
預留0.2cm
（背面）

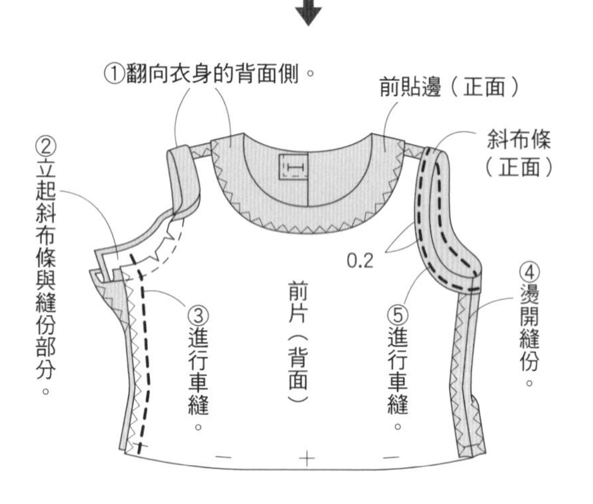

①翻向衣身的背面側。
前貼邊（正面）
斜布條（正面）
②立起斜布條與縫份部分。
0.2
③進行車縫。
前片（背面）
⑤進行車縫。
④燙開縫份。

4 摺疊褶襉。

摺疊褶襉，沿著縫份線進行車縫。

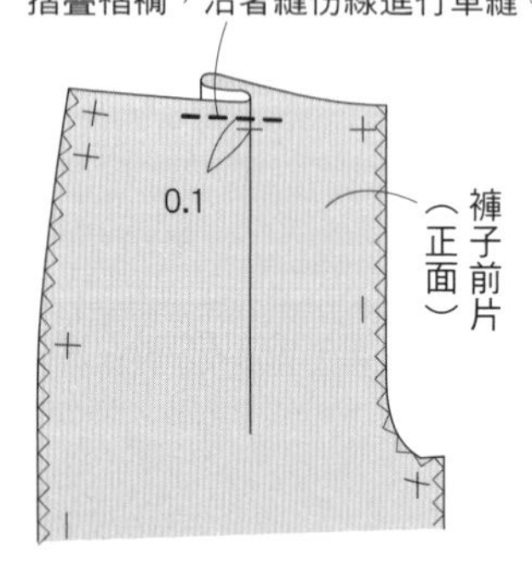

0.1
褲子前片（正面）

5 縫合褶襉。

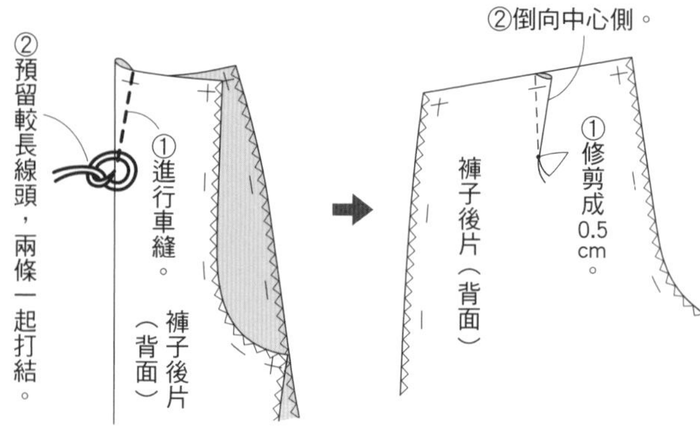

②預留較長線頭，兩條一起打結。
①進行車縫。
褲子後片（背面）
②倒向中心側。
①修剪成0.5cm。
褲子後片（背面）

6 縫合褲子的脇邊線部位，製作口袋。

❶

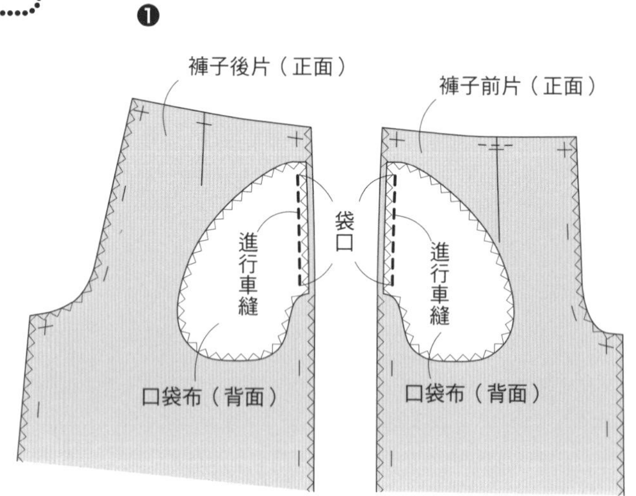

褲子後片（正面）
褲子前片（正面）
袋口
進行車縫
進行車縫
口袋布（背面）
口袋布（背面）

❷

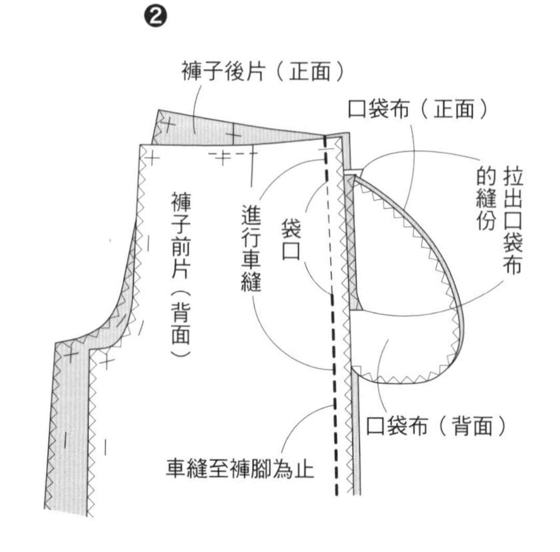

褲子後片（正面）
口袋布（正面）
拉出口袋布的縫份
褲子前片（背面）
進行車縫
袋口
口袋布（背面）
車縫至褲腳為止

❸

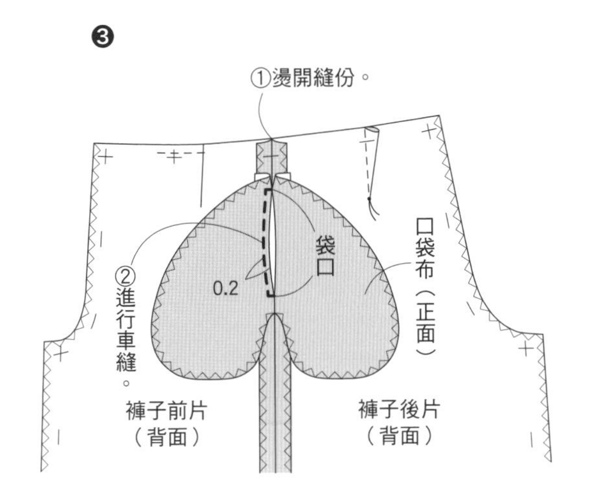
①燙開縫份。
②進行車縫。
0.2
袋口
口袋布（正面）
褲子前片（背面）
褲子後片（背面）

❹

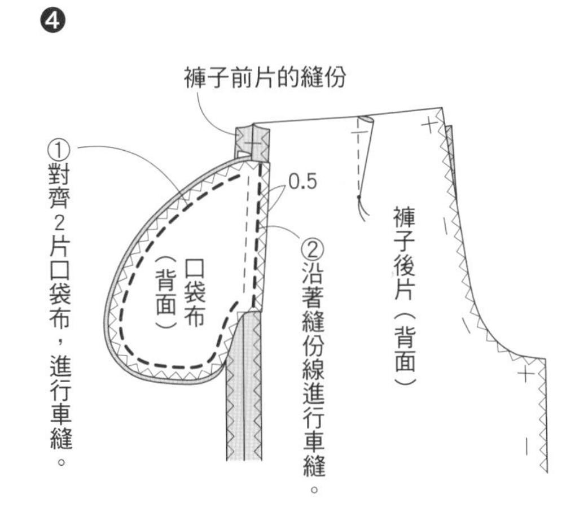
褲子前片的縫份
①對齊2片口袋布，進行車縫。
0.5
口袋布（背面）
②沿著縫份線進行車縫。
褲子後片（背面）

7 先縫合股下線，再縫合下襬。

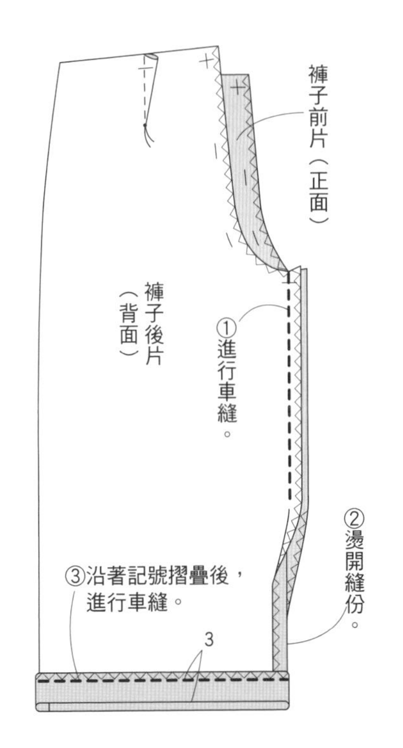
褲子前片（正面）
褲子後片（背面）
①進行車縫。
②燙開縫份。
③沿著記號摺疊後，進行車縫。
3

8 縫合褲襠。

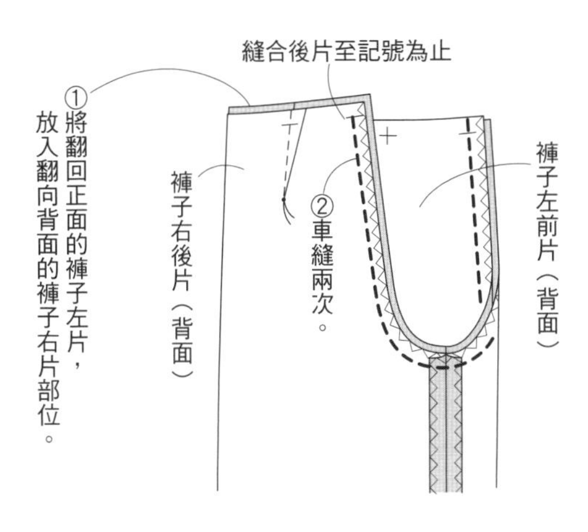
縫合後片至記號為止
①將翻回正面的褲子左片，放入翻向背面的褲子右片部位。
褲子右後片（背面）
②車縫兩次。
褲子左前片（背面）

9 縫合衣身＆褲子。

10 進行縫釦。

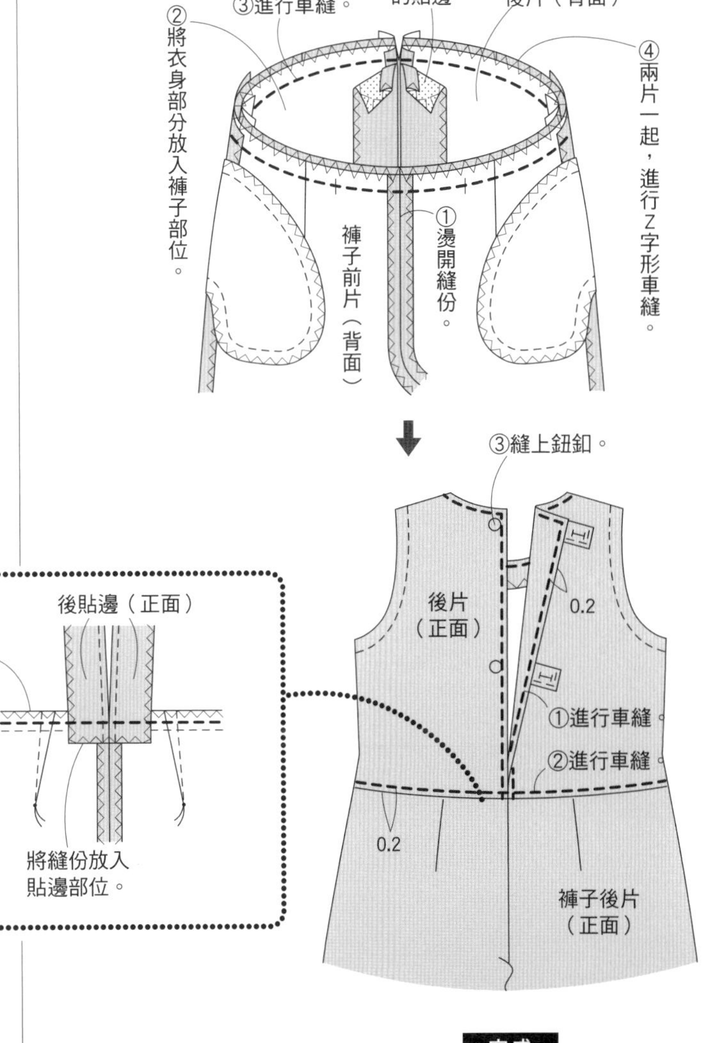
避開後片的貼邊。
③進行車縫。
後片（背面）
②將衣身部分放入褲子部位。
④兩片一起，進行Z字形車縫。
褲子前片（背面）
①燙開縫份。
③縫上鈕釦。
後片（正面）
0.2
①進行車縫。
②進行車縫。
0.2
褲子後片（正面）
後貼邊（正面）
縫份倒向衣身側
將縫份放入貼邊部位。

完成

P.4 No.2

P.5 No.3

材料　　　　尺寸		S	M	L
No.2表布（麻+嫘縈混紡）	寬134cm	340cm	350cm	360cm
No.3表布（羊毛）	寬154cm	340cm	350cm	360cm
黏著襯（日本Viline FV-2N）	寬112cm	50cm	50cm	50cm
No.2 D形環	內尺寸5cm	2個	2個	2個
完成尺寸	前長	134cm	139cm	144cm

原寸紙型　A面2

◆使用部位…（衣身）前片、（褲子）前片／（衣身）後片、（褲子）後片／前貼邊／後貼邊

＊將前片衣身與褲子接合，描畫成一整張紙型（請參照下圖）。

＊No.2腰帶為直線部位，直接在布料上作記號後進行裁剪。

◆除了指定處之外縫份尺寸皆為1 cm

＝黏著襯黏貼位置

表布裁布圖

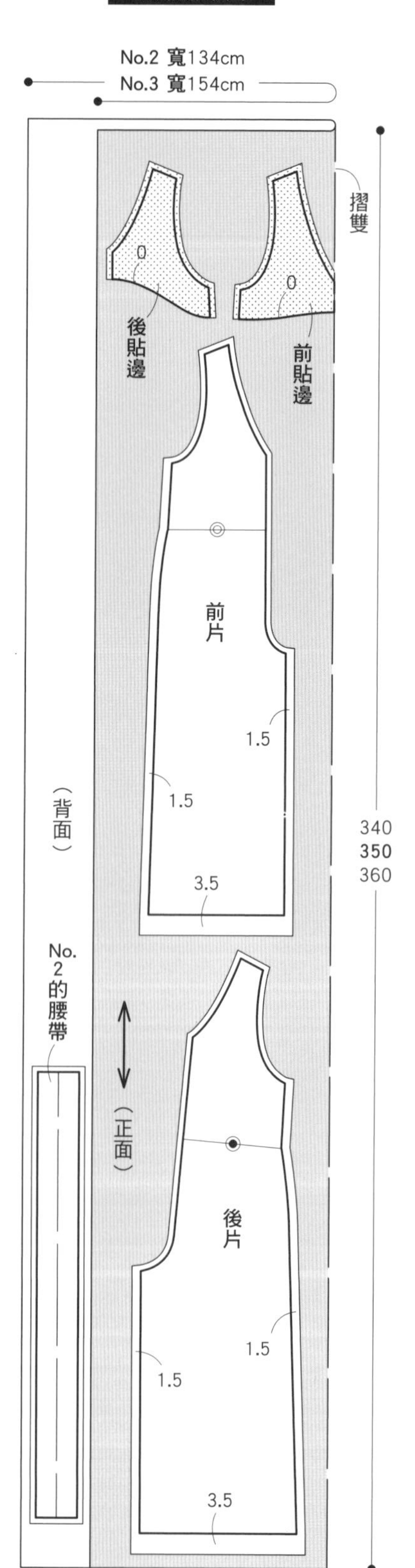

No.2 寬134cm
No.3 寬154cm
摺雙
0
0
後貼邊
前貼邊
前片
1.5
1.5
3.5
340
350
360
（背面）
No.2的腰帶
（正面）
後片
1.5
1.5
3.5

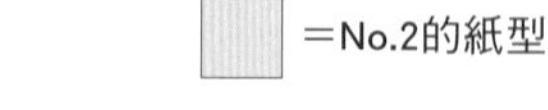

＝No.2的紙型

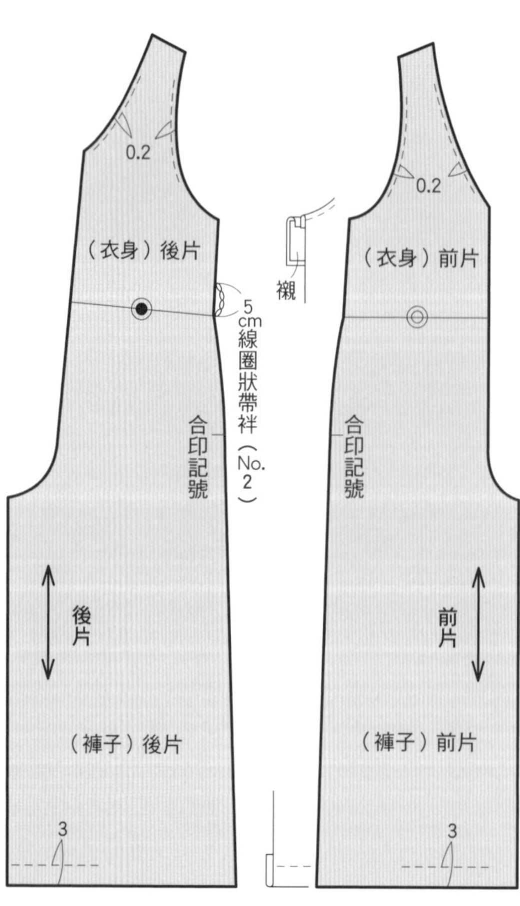

後貼邊
前貼邊
後片中心
前片中心
0.2
0.2
（衣身）後片
（衣身）前片
5cm線圈狀帶袢（No.2）
襯
合印記號
合印記號
後片
前片
（褲子）後片
（褲子）前片
3
3

三個數字分別代表
S尺寸
M尺寸
L尺寸
一個數字則代表共通

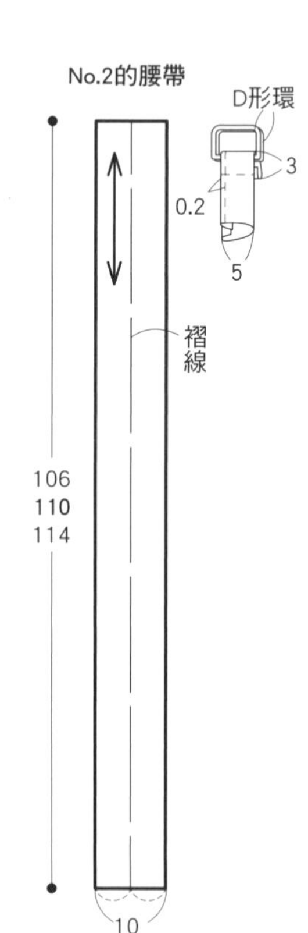

No.2的腰帶
D形環
3
0.2
5
摺線
106
110
114
10

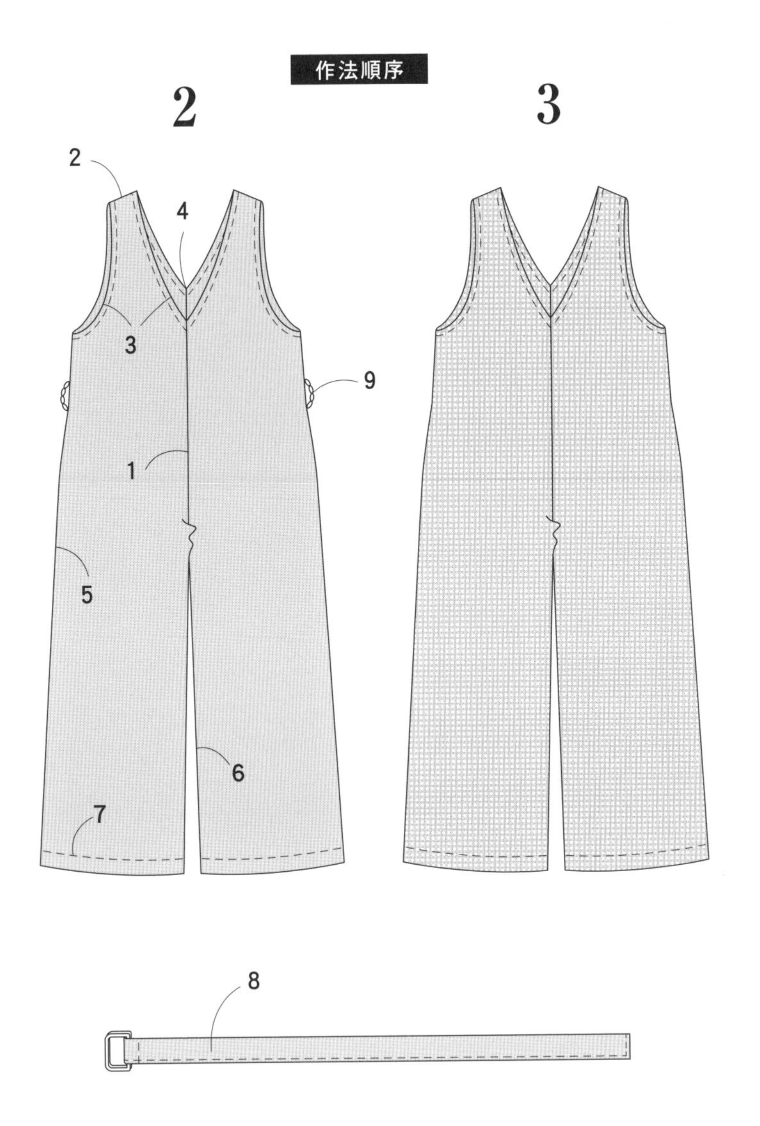
作法順序
2
3
1
2
3
4
5
6
7
8
9

作法

◆準備◆

①黏貼黏著襯（貼邊）。
②裁布端進行Z字形車縫。
（貼邊、脇邊線、褲襠線、股下線、下襬線）

1 縫合前中心、前片股下線部位。

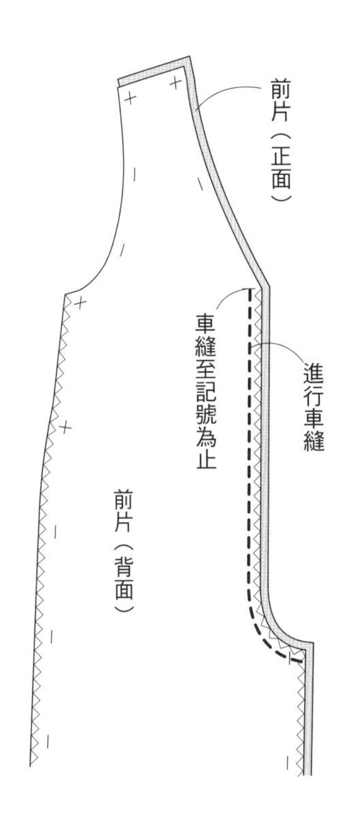
前片（正面）
車縫至記號為止
進行車縫
前片（背面）

2 縫合衣身、貼邊的肩線部位。

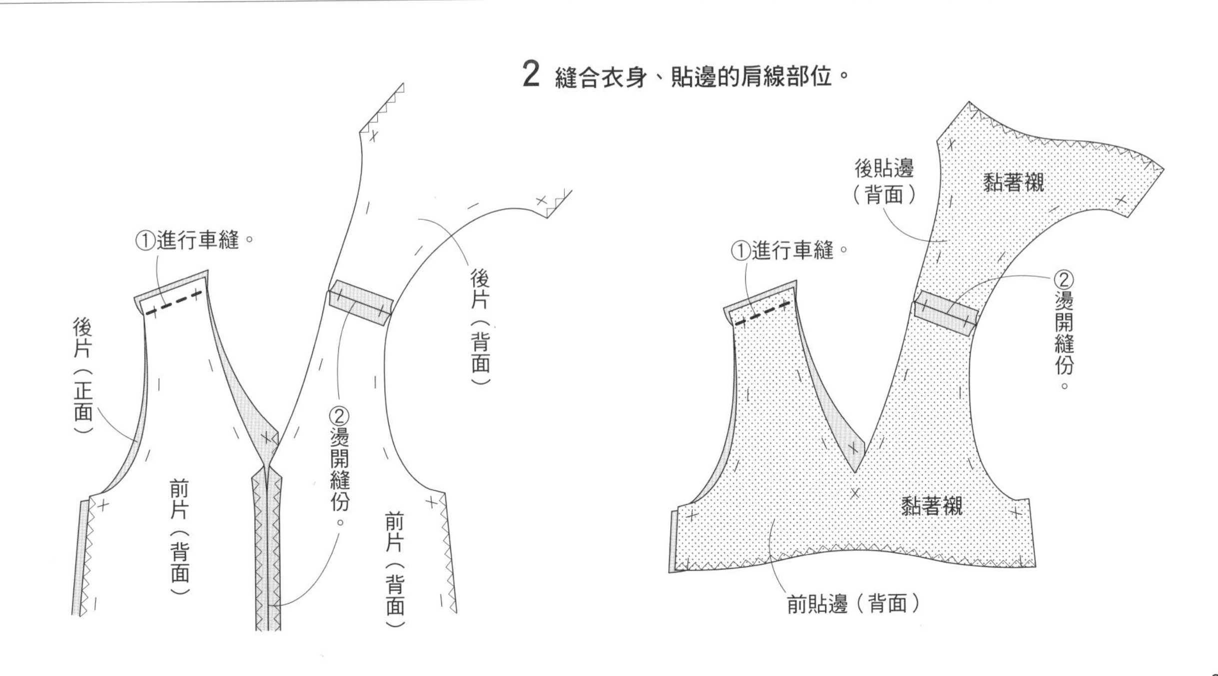
①進行車縫。
後片（正面）
前片（背面）
②燙開縫份。
後片（背面）
前片（背面）
後貼邊（背面）
黏著襯
①進行車縫。
②燙開縫份。
黏著襯
前貼邊（背面）

3 縫合領口、袖襱。

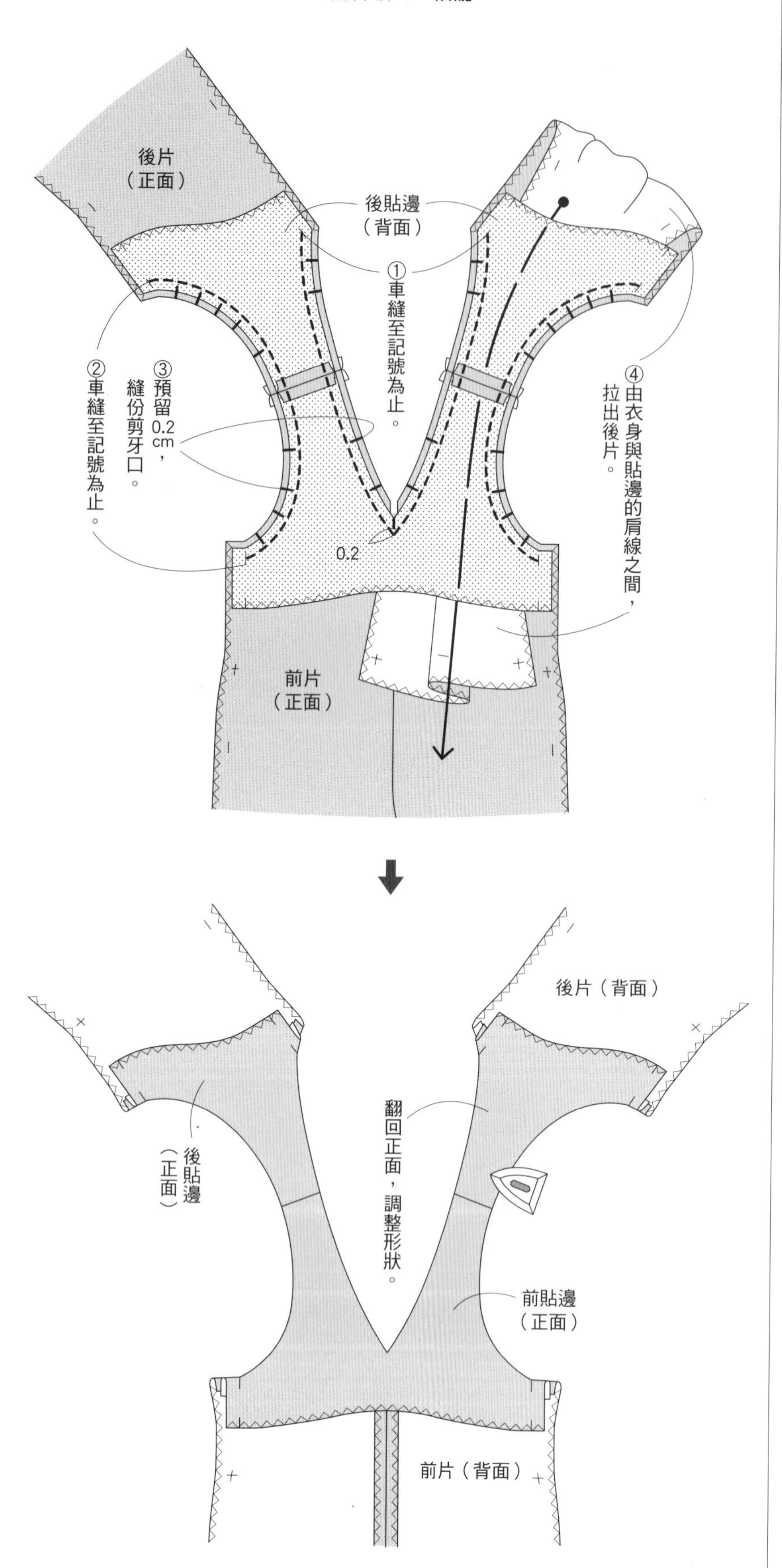

後片
（正面）
後貼邊
（背面）
①車縫至記號為止。
②車縫至記號為止。
③預留0.2cm，縫份剪牙口。
④由衣身與貼邊的肩線之間，拉出後片。
0.2
前片
（正面）
後片（背面）
後貼邊
（正面）
翻回正面，調整形狀。
前貼邊
（正面）
前片（背面）

4 縫合後片中心、後片褲檔部位。

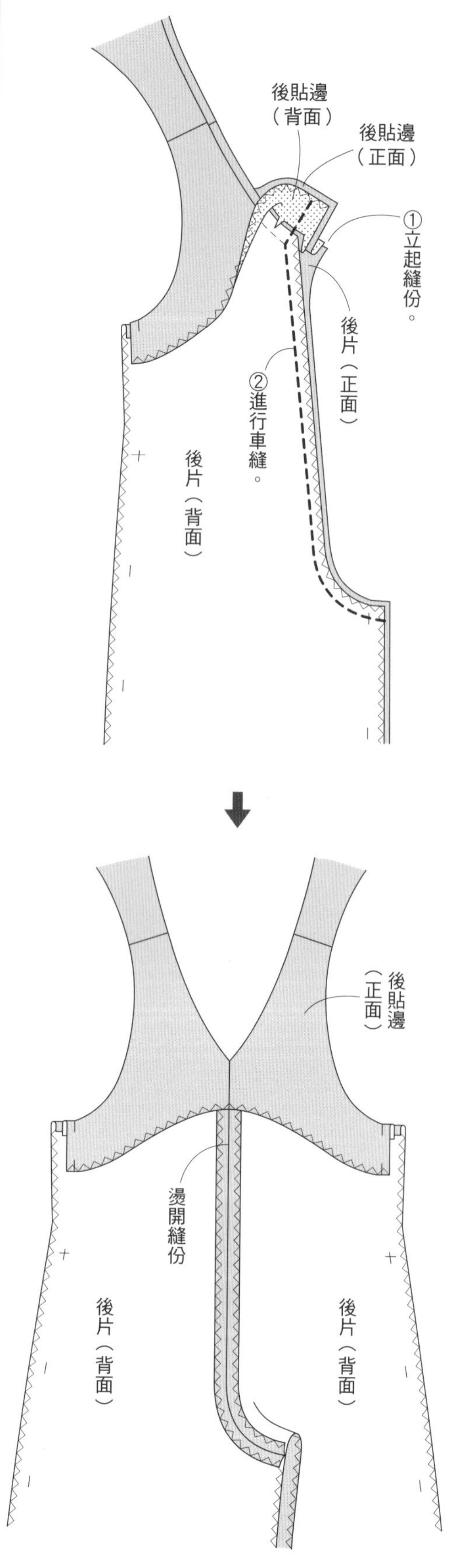

後貼邊
（背面）
後貼邊
（正面）
①立起縫份。
後片
（正面）
②進行車縫。
後片
（背面）
後貼邊
（正面）
燙開縫份
後片
（背面）
後片
（背面）

5 縫合脇邊線部位。

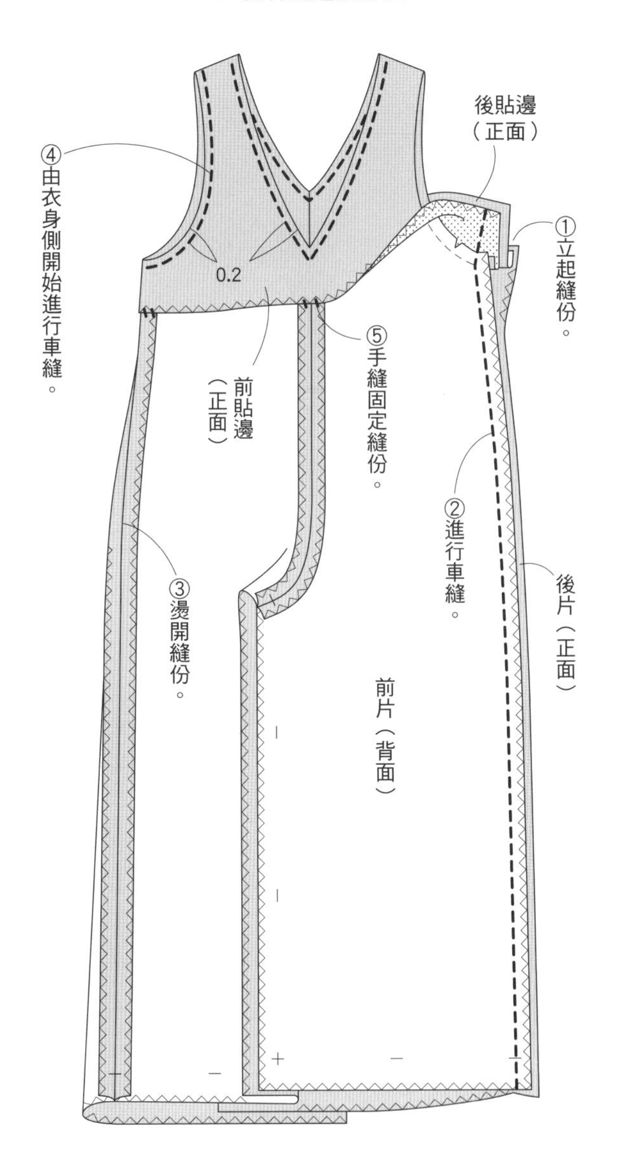

④由衣身側開始進行車縫。
0.2
後貼邊（正面）
①立起縫份。
前貼邊（正面）
⑤手縫固定縫份。
②進行車縫。
③燙開縫份。
後片（正面）
前片（背面）

6 縫合股下線部位。

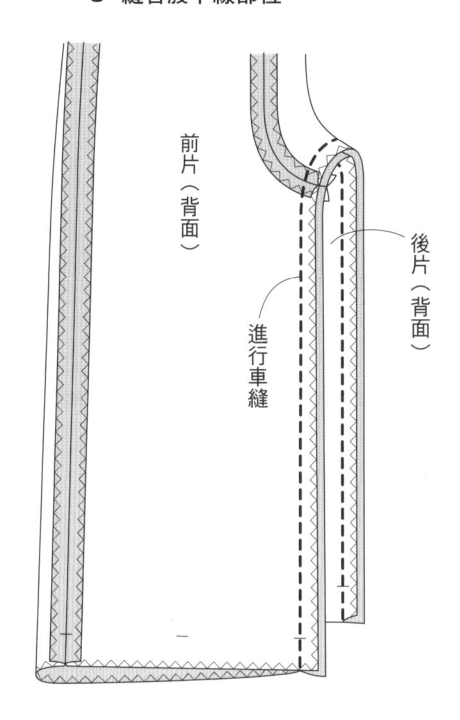

前片（背面）
後片（背面）
進行車縫

7 縫合褲腳線部位。

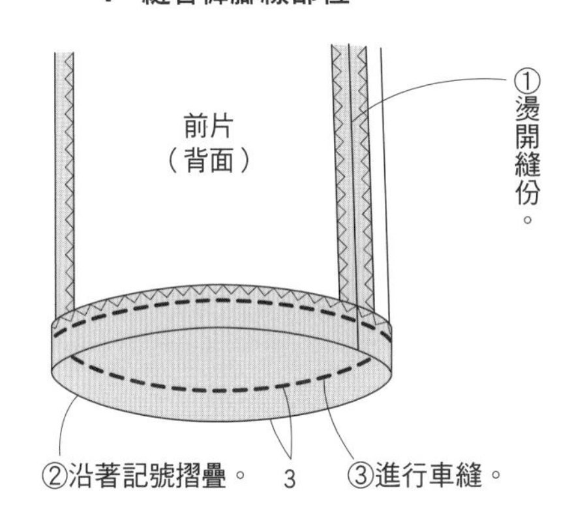

前片（背面）
①燙開縫份。
②沿著記號摺疊。
3
③進行車縫。

8 製作腰帶（No.2）

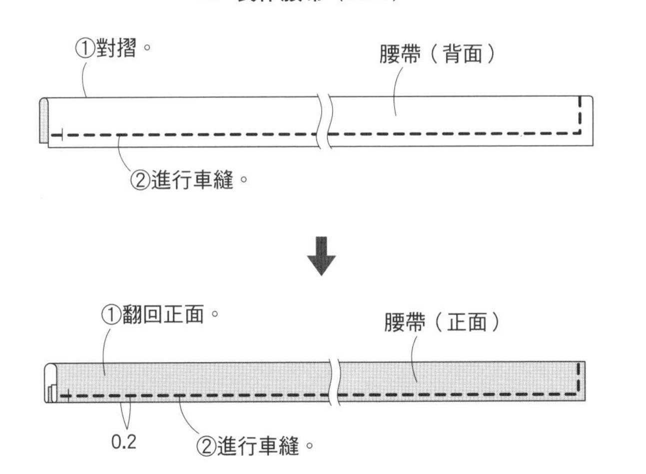

①對摺。
腰帶（背面）
②進行車縫。
①翻回正面。
腰帶（正面）
0.2
②進行車縫。

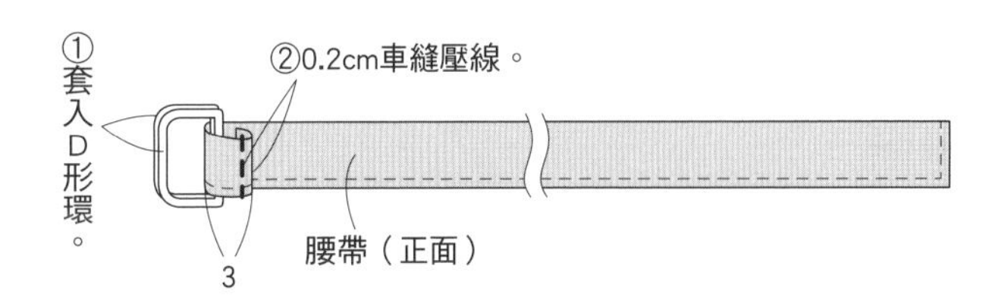

①套入D形環。
②0.2cm車縫壓線。
3
腰帶（正面）

9 製作線圈狀帶袢（No.2・請參照P.80）

完成

P.6 No.4

P.7 No.5

材料 尺寸	S	M	L
No.4表布（法國亞麻布） 寬130cm	260cm	270cm	280cm
No.5表布（Rayon Nylon punch） 寬145cm	260cm	270cm	280cm
黏著襯（日本Viline FV-2N） 寬112cm	100cm	100cm	100cm
鈕釦 直徑1.3cm	4個	4個	4個
鬆緊帶 寬3cm	40cm	40cm	40cm
完成尺寸 前長（不含肩帶部分）	83.5cm	85.5cm	87.5cm

三個數字分別代表
S尺寸
M尺寸
L尺寸
一個數字則代表共通

◆除了指定處之外縫份尺寸皆為1cm。

▒＝黏著襯黏貼位置

原寸紙型 A面4／A面7

◆使用部位…A面4：裙子前片／A面7：裙子前片、後片

＊腰頭、肩帶為直線部位，直接在布料上作記號後進行裁剪。

◆紙型的變更方法

＊加長後片裙長至前片與後片為相同長度，加大裙寬。

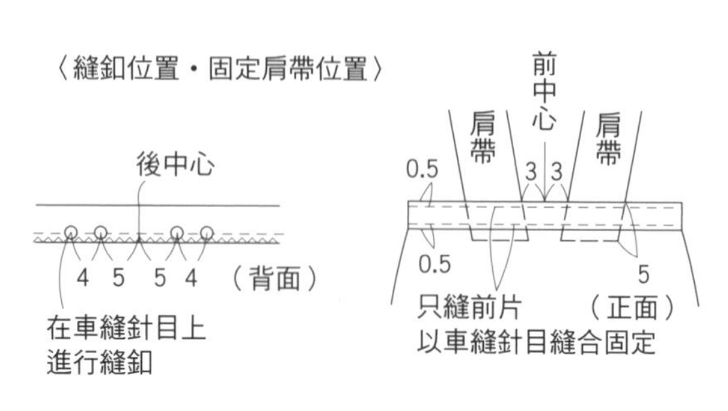
〈縫釦位置・固定肩帶位置〉
後中心
4 5 5 4 （背面）
在車縫針目上
進行縫釦
前中心
肩帶
肩帶
0.5
3 3
0.5
5
只縫前片
以車縫針目縫合固定
（正面）

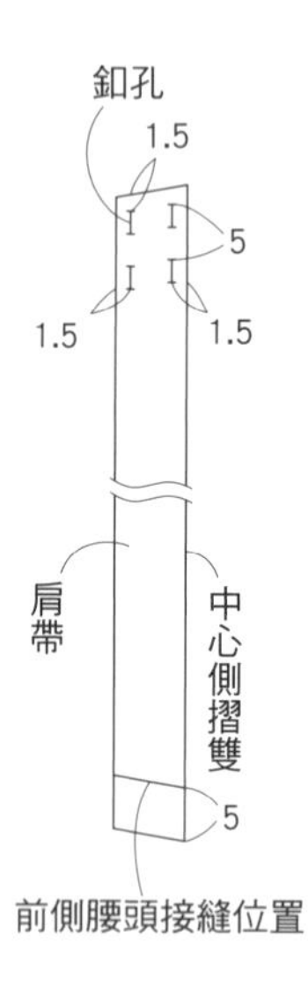
釦孔
1.5
5
1.5
1.5
肩帶
中心側摺雙
5
前側腰頭接縫位置

腰頭

後中心
穿入鬆緊帶
脇邊
17
18
19
前中心
17
18
19
脇邊
穿入鬆緊帶
後片中心
7
摺線
襯 1
1 襯
47
49
51
47
49
51

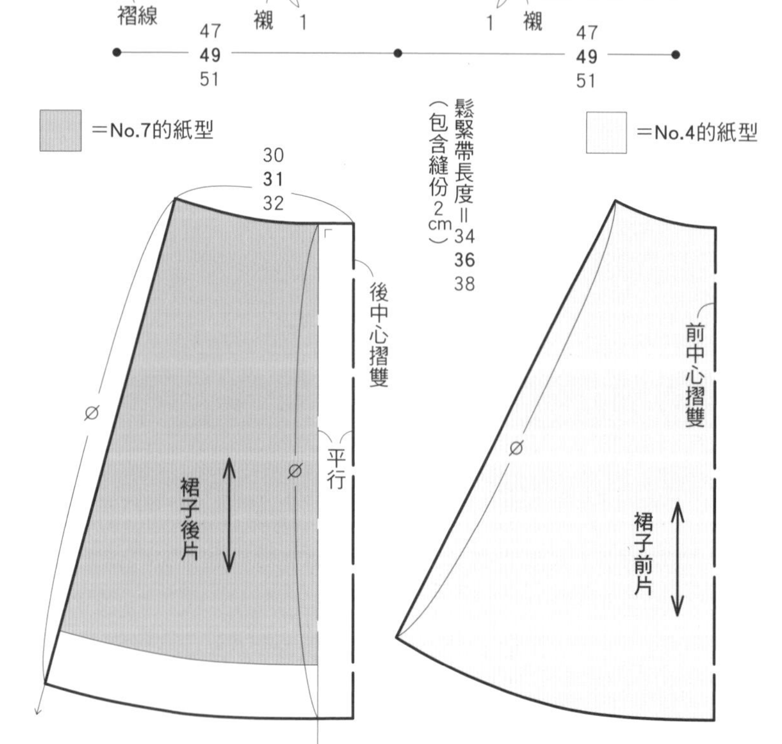
＝No.7的紙型
＝No.4的紙型
30
31
32
後中心摺雙
平行
裙子後片
鬆緊帶長度＝（包含縫份2cm）34 36 38
前中心摺雙
裙子前片

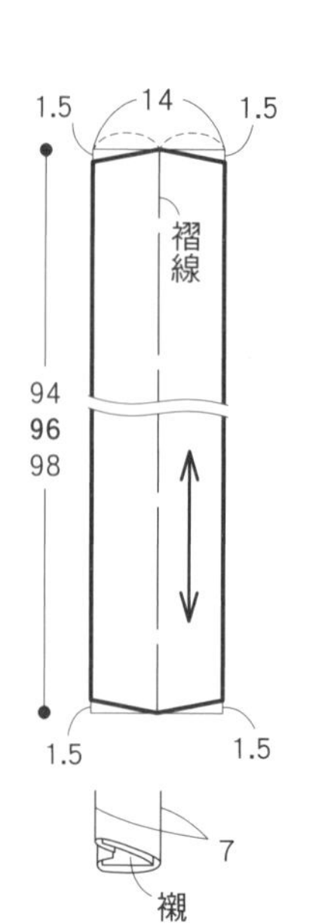
肩帶
1.5
14
1.5
摺線
94
96
98
1.5
1.5
7
襯

表布裁布圖

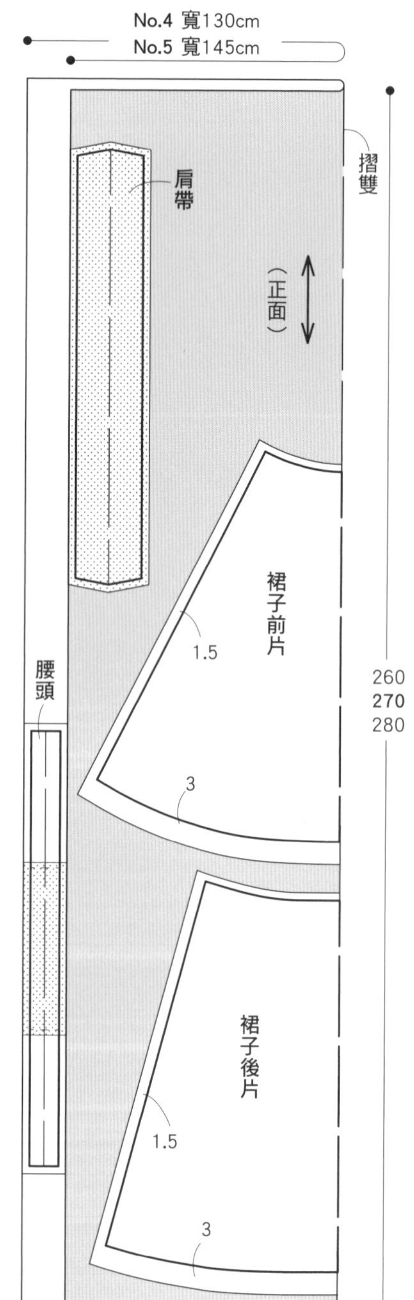
No.4 寬130cm
No.5 寬145cm
摺雙
肩帶
（正面）
裙子前片
1.5
3
腰頭
260
270
280
裙子後片
1.5
3

作法順序

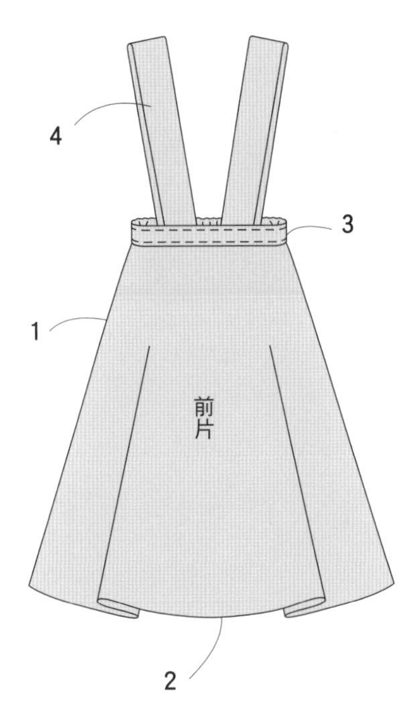
4
3
1
前片
2

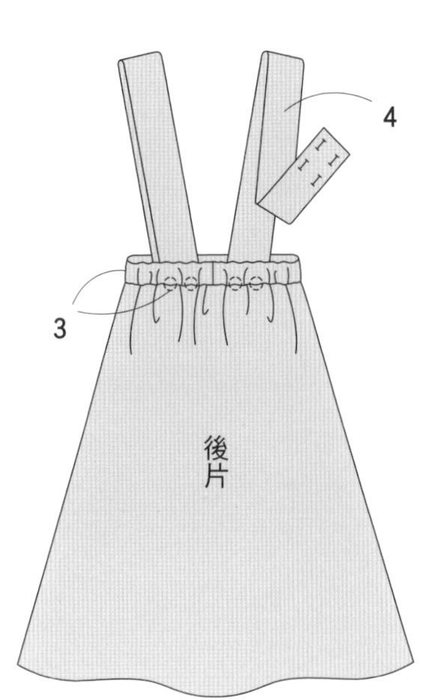
4
3
後片

作法

◆準備◆

①黏貼黏著襯。
（腰頭、肩帶）

②裁布端進行Z字形車縫。
（脇邊線、下襬）

1 縫合脇邊線部位。

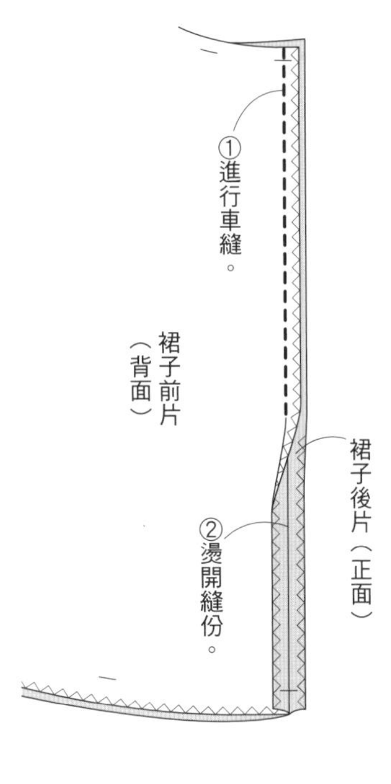
①進行車縫。
裙子前片（背面）
裙子後片（正面）
②燙開縫份。

2 縫合下襬線部位。

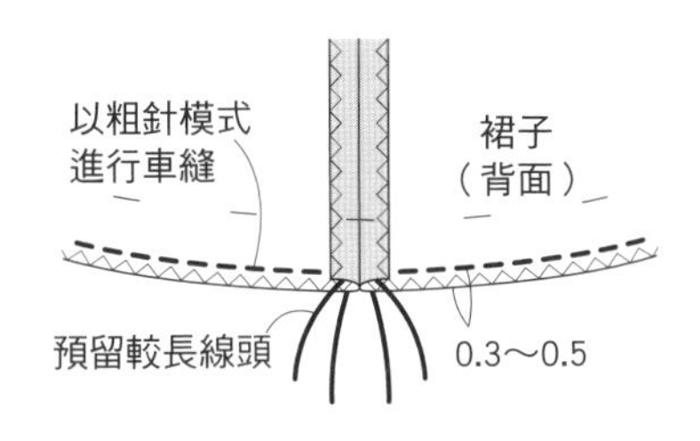
以粗針模式進行車縫
裙子（背面）
預留較長線頭
0.3～0.5

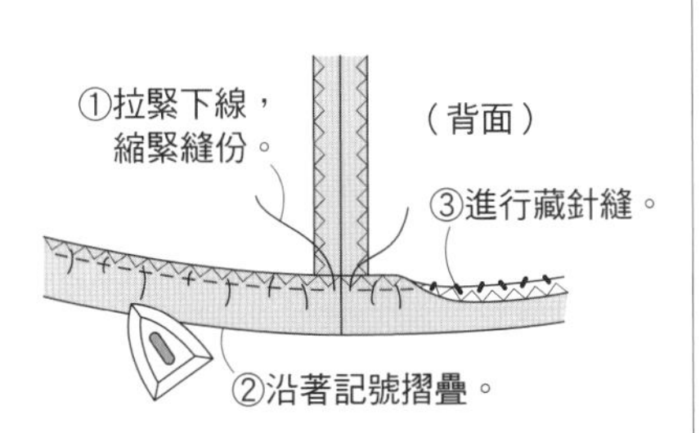
①拉緊下線，縮緊縫份。
（背面）
③進行藏針縫。
②沿著記號摺疊。

※藏針縫法請參照P.80。

3 製作腰頭後縫合固定。穿入鬆緊帶，進行縫釦。

（請參照P.45・46的步驟5至10）

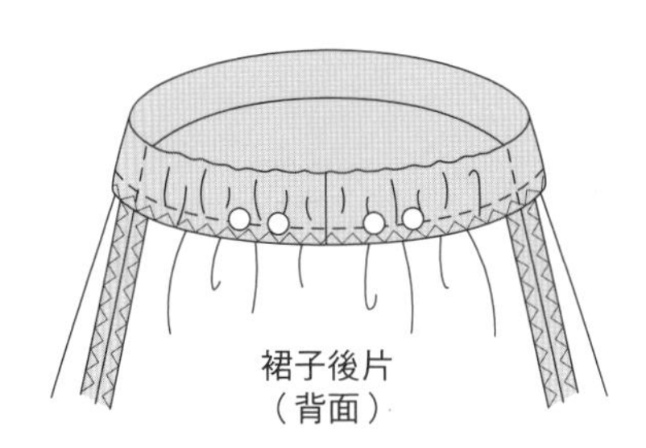
裙子後片（背面）

4 製作肩帶後縫合固定。

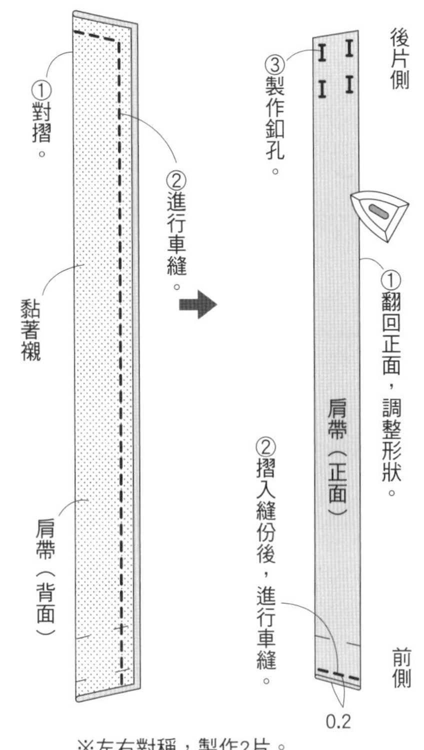
①對摺。
②進行車縫。
黏著襯
肩帶（背面）
③製作釦孔。
後片側
①翻回正面，調整形狀。
肩帶（正面）
②摺入縫份後，進行車縫。
前側
0.2

※左右對稱，製作2片。

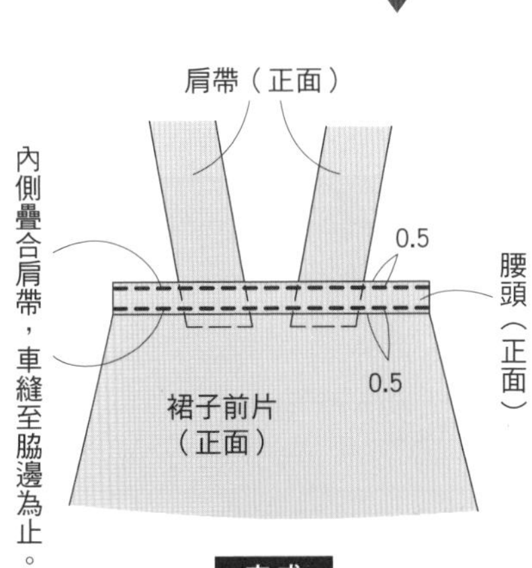
肩帶（正面）
內側疊合肩帶，車縫至脇邊為止。
0.5
腰頭（正面）
0.5
裙子前片（正面）

完成

P.8 No.6

材料　　　　　　　　尺寸	S	M	L
表布（彈性斜紋棉布）　寬132cm	350cm	360cm	370cm
黏著襯（日本Viline FV-2N）　寬112cm	100cm	100cm	100cm
鈕釦　直徑1.3cm	4顆	4顆	4顆
鬆緊帶　寬3cm	40cm	40cm	40cm
完成尺寸　前長（不含肩帶部分）	93.5cm	97.5cm	101.5cm

原寸紙型　A面1／A面17

◆使用部位…A面1：褲子前片／褲子後片／口袋布

A面17：肩帶

＊腰頭為直線部位，直接在布料上作記號後進行裁剪。

◆紙型的變更方法

＊褲子前片追加摺襉。

＊取消褲子後片的尖褶，平行移動脇邊線，加入袋口。

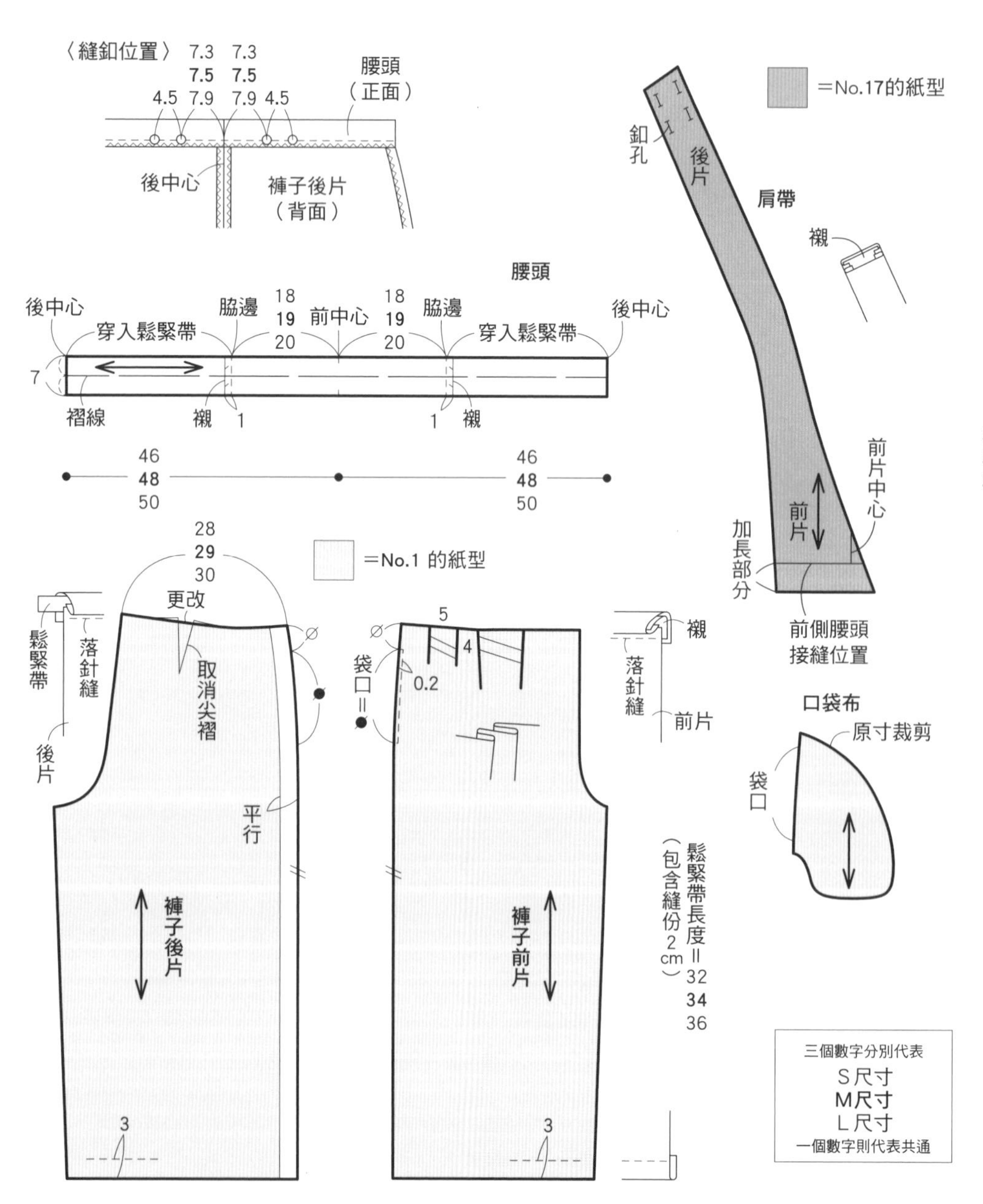

〈縫釦位置〉
7.3 7.3
7.5 7.5
4.5 7.9 7.9 4.5
腰頭（正面）
後中心
褲子後片（背面）
腰頭
後中心
穿入鬆緊帶
脇邊
18 19 20
前中心
脇邊
18 19 20
穿入鬆緊帶
後中心
7
摺線
襯 1
1 襯
46 48 50
46 48 50
28 29 30
更改
鬆緊帶
落針縫
後片
取消尖褶
平行
褲子後片
3
＝No.1 的紙型
5
4
袋口＝
0.2
褲子前片
3
襯
落針縫
前片
鬆緊帶長度＝32 34 36（包含縫份2cm）
＝No.17的紙型
釦孔
後片
肩帶
襯
前片中心
前片
加長部分
前側腰頭接縫位置
口袋布
原寸裁剪
袋口

三個數字分別代表
S尺寸
M尺寸
L尺寸
一個數字則代表共通

◆除了指定處之外縫份尺寸皆為1cm。

＝黏著襯黏貼位置

表布裁布圖

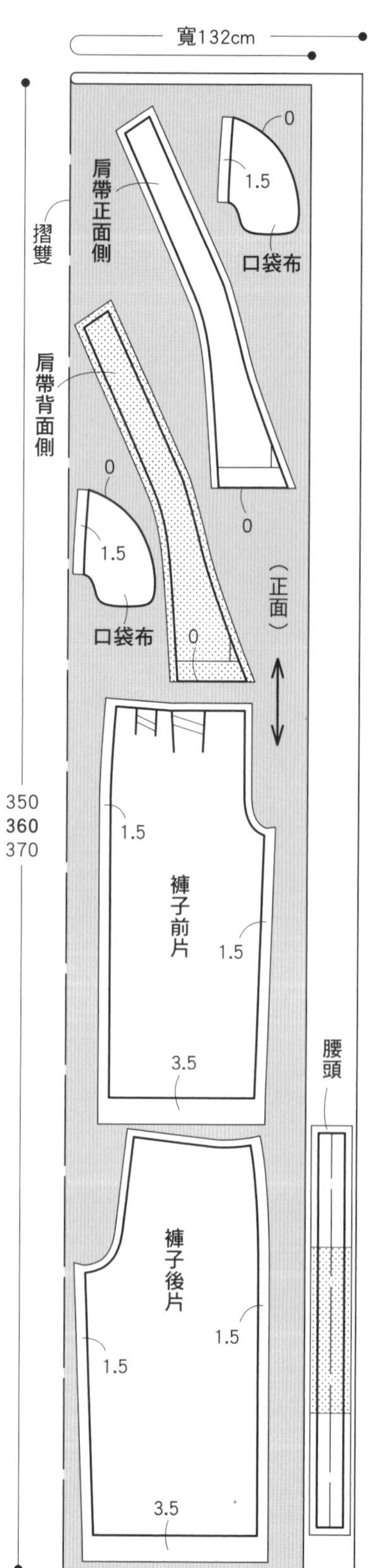

寬132cm
摺雙
肩帶正面側
口袋布
1.5
0
肩帶背面側
0
1.5
口袋布
0
0
（正面）
350
360
370
1.5
褲子前片
1.5
3.5
腰頭
褲子後片
1.5
1.5
3.5

作法

◆準備◆①黏貼黏著襯（肩帶背面側、腰頭）。
②裁布端進行Z字形車縫。（脇邊線、下襬線、股下線、褲襠線、口袋布）

1 縫合脇邊線部位，製作口袋。

（請參照P.36、P.37）

作法順序

11
12
5・6
4
9
1
3
前片
2
8
7
10
後片

2 先縫合股下線，再縫合褲腳線部位。

褲子前片（正面）
褲子後片（背面）
①進行車縫。
②燙開縫份。
③沿著記號摺疊後進行車縫。
3

3 縫合褲襠線部位。

褲子左後片（正面）
將翻回正面的褲子左片，放入翻向背面的褲子右片部位。
褲子左前片（背面）
褲子右後片（背面）
車縫兩次
褲子左前片（背面）
褲子右後片（背面）

4 摺疊尖褶後進行縫合。

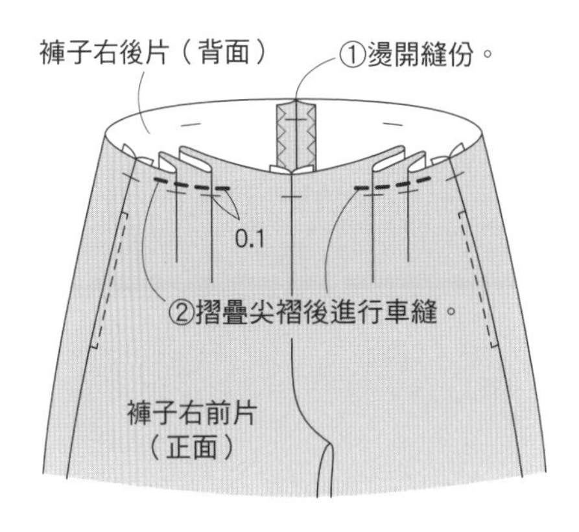
褲子右後片（背面）
①燙開縫份。
0.1
②摺疊尖褶後進行車縫。
褲子右前片
（正面）

5 製作腰頭。

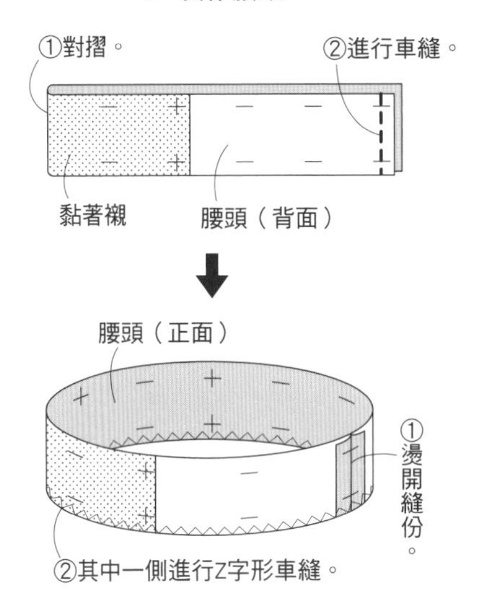
①對摺。
②進行車縫。
黏著襯
腰頭（背面）
腰頭（正面）
①燙開縫份。
②其中一側進行Z字形車縫。

6 接縫腰頭。

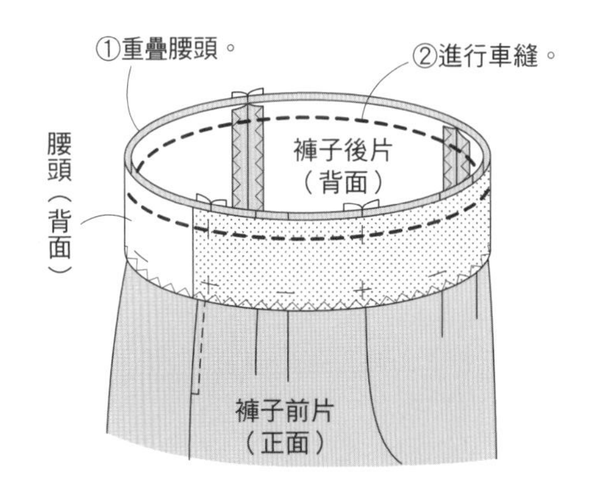
①重疊腰頭。
②進行車縫。
褲子後片
（背面）
腰頭（背面）
褲子前片
（正面）

7 縫合固定後片腰頭。
縫釦位置（請參照P.44）作記號。

（請參照P.44）

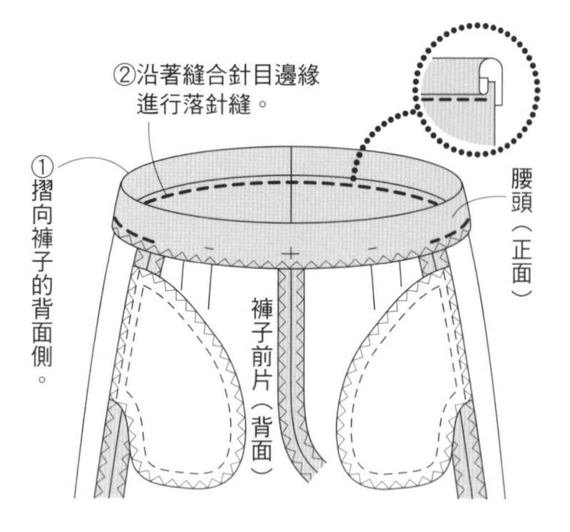
②沿著縫合針目邊緣
進行落針縫。
①摺向褲子的背面側。
腰頭（正面）
褲子前片（背面）

8 穿入鬆緊帶。

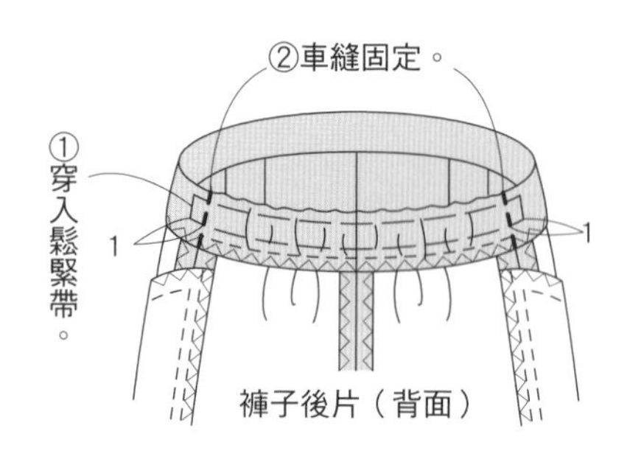
②車縫固定。
①穿入鬆緊帶。
1
1
褲子後片（背面）

9 車縫固定前側腰頭。

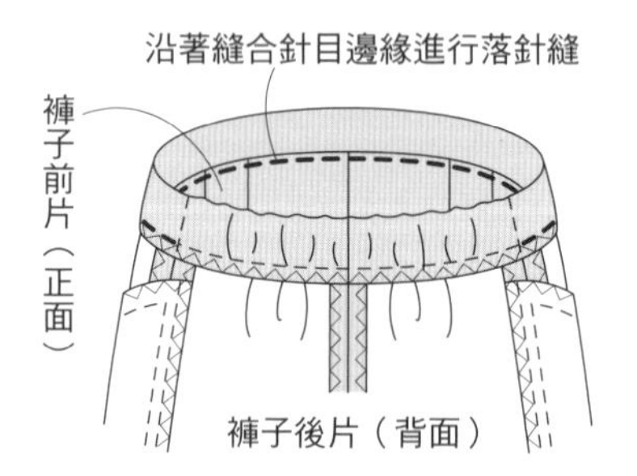
沿著縫合針目邊緣進行落針縫
褲子前片（正面）
褲子後片（背面）

10 進行縫釦。

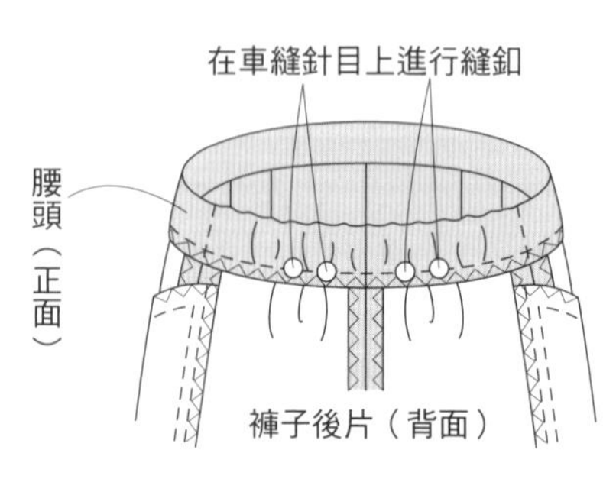
在車縫針目上進行縫釦
腰頭（正面）
褲子後片（背面）

11 製作肩帶。

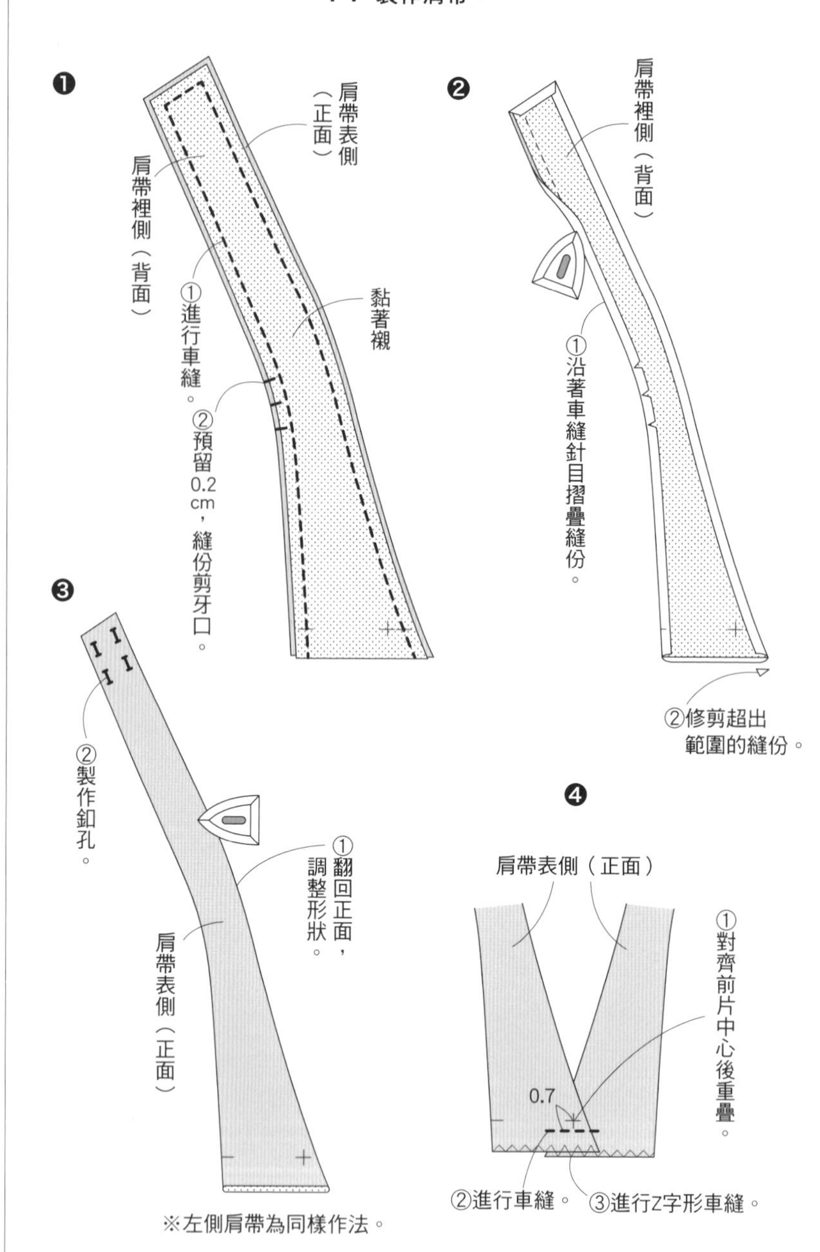
❶
肩帶表側（正面）
肩帶裡側（背面）
①進行車縫。
黏著襯
②預留0.2cm，縫份剪牙口。
❷
肩帶裡側（背面）
①沿著車縫針目摺疊縫份。
②修剪超出範圍的縫份。
❸
②製作釦孔。
①翻回正面，調整形狀。
肩帶表側（正面）
❹
肩帶表側（正面）
①對齊前片中心後重疊。
0.7
②進行車縫。
③進行Z字形車縫。

※左側肩帶為同樣作法。

12 接縫肩帶。

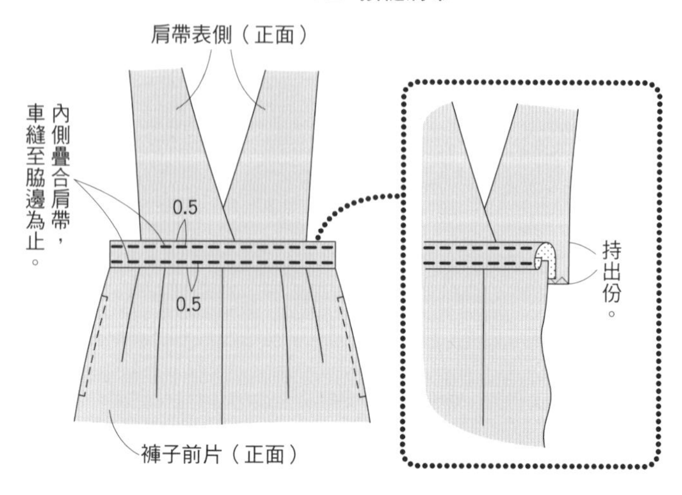
肩帶表側（正面）
內側疊合肩帶，車縫至脇邊為止。
0.5
0.5
持出份。
褲子前片（正面）

完成

P.10 No.7

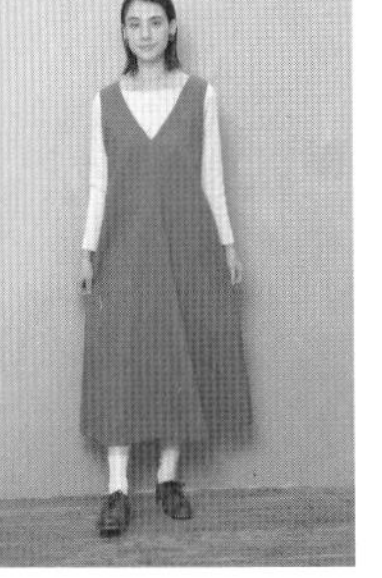

11 ページ 8

材料 尺寸	S	M	L
No.7表布（羊毛＋聚酯纖維混紡） 寬148cm	270cm	280cm	290cm
No.8表布（half linen Twill） 寬110cm	320cm	330cm	340cm
黏著襯（日本Viline FV-2N） 寬112cm	50cm	50cm	50cm
完成尺寸 前長	119cm	122cm	125cm

三個數字分別代表
S尺寸
M尺寸
L尺寸
一個數字則代表共通

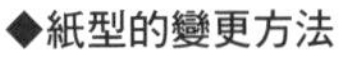

原寸紙型 A面2／A面7

◆使用部位…A面2：（衣身）前片／（衣身）後片／前貼邊／後貼邊
A面7：裙子前片・後片

◆紙型的變更方法

＊衣身前中心下方加長2cm，重新描畫曲線至脇邊線為止。

＝No.2的紙型
＝No.7的紙型

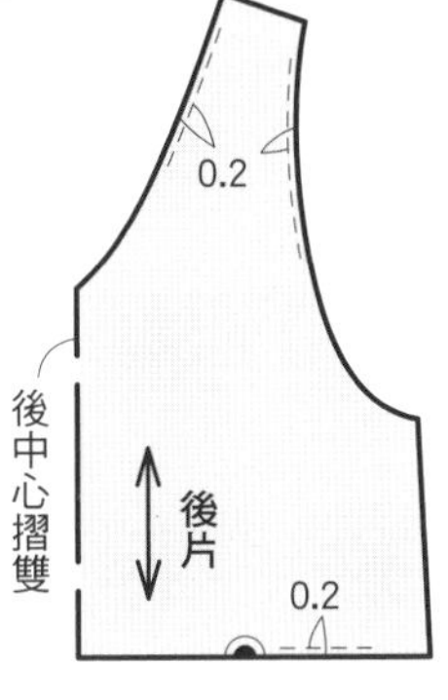

後中心摺雙
後片
0.2
0.2

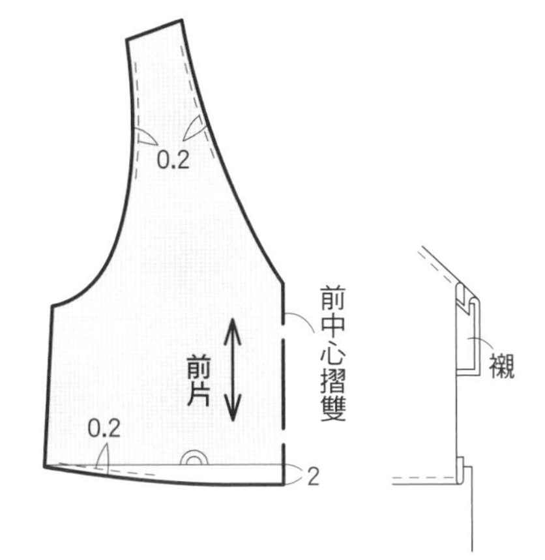

0.2
前片
前中心摺雙
0.2
2
襯

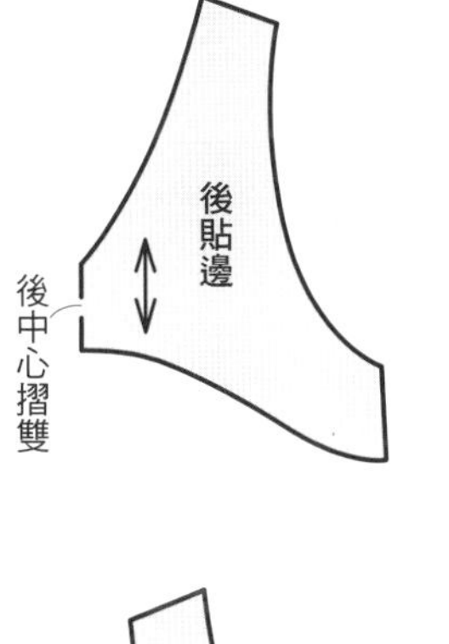

後貼邊
後中心摺雙

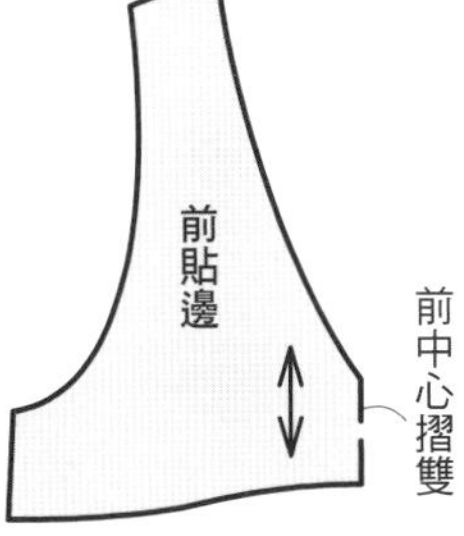

前貼邊
前中心摺雙

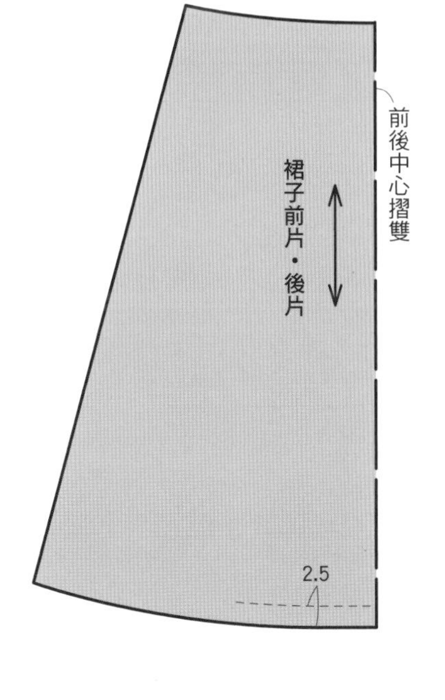

裙子前片・後片
前後中心摺雙
2.5

No.7表布裁布圖

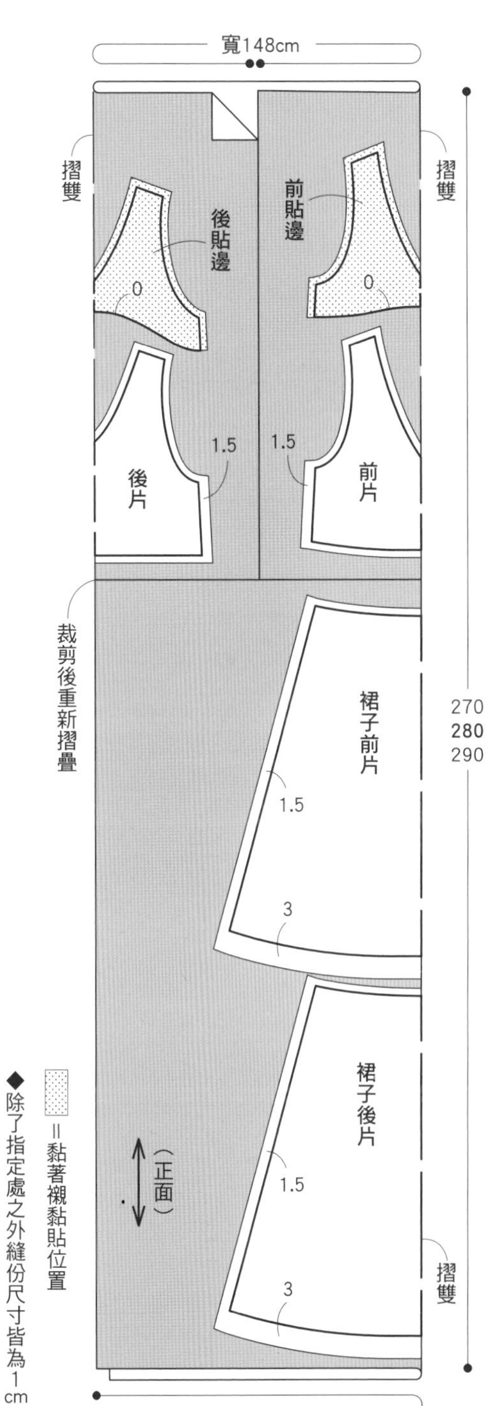

寬148cm
摺雙
後貼邊
前貼邊
摺雙
0
0
1.5
1.5
後片
前片
裁剪後重新摺疊
裙子前片
1.5
3
270
280
290
裙子後片
1.5
3
摺雙
（正面）
＝黏著襯黏貼位置
◆除了指定處之外縫份尺寸皆為1cm

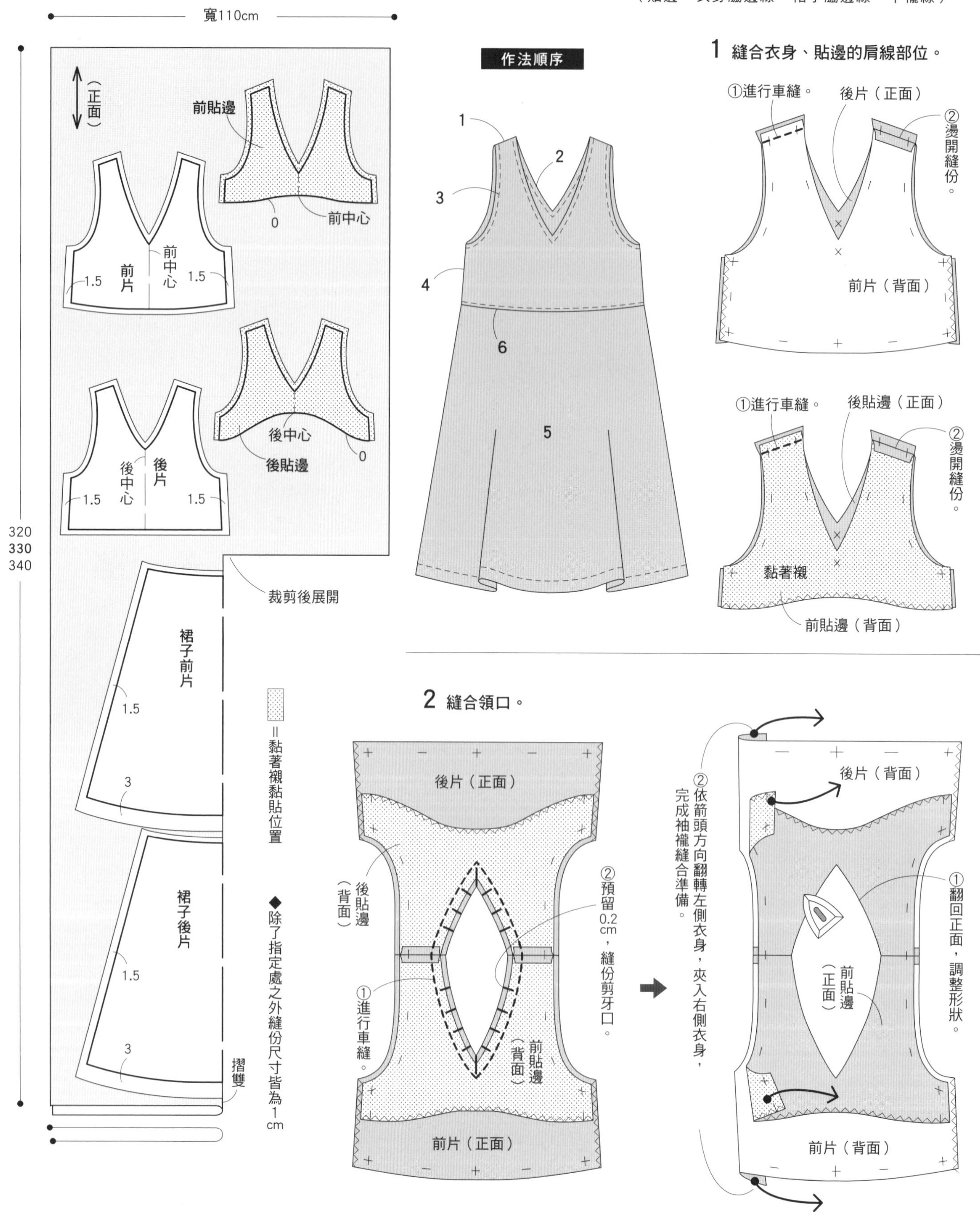

No.8 表布裁布圖
寬110cm
(正面)
前貼邊
前中心
0
前片
前中心
1.5
1.5
後片
後中心
1.5
1.5
後中心
後貼邊
0
320
330
340
裁剪後展開
裙子前片
1.5
3
裙子後片
1.5
3
摺雙
=黏著襯黏貼位置
◆除了指定處之外縫份尺寸皆為1cm
作法
◆準備◆①黏貼黏著襯(裡側貼邊)。
②裁布端進行Z字形車縫。
(貼邊、衣身脇邊線、裙子脇邊線、下襬線)
作法順序
1
2
3
4
5
6
1 縫合衣身、貼邊的肩線部位。
①進行車縫。
後片(正面)
②燙開縫份。
前片(背面)
①進行車縫。
後貼邊(正面)
②燙開縫份。
黏著襯
前貼邊(背面)
2 縫合領口。
後片(正面)
後貼邊(背面)
②預留0.2cm,縫份剪牙口。
①進行車縫。
前貼邊(背面)
前片(正面)
②依箭頭方向翻轉左側衣身,夾入右側衣身,完成袖襱縫合準備。
後片(背面)
①翻回正面,調整形狀。
前貼邊(正面)
前片(背面)

3 縫合袖襱。

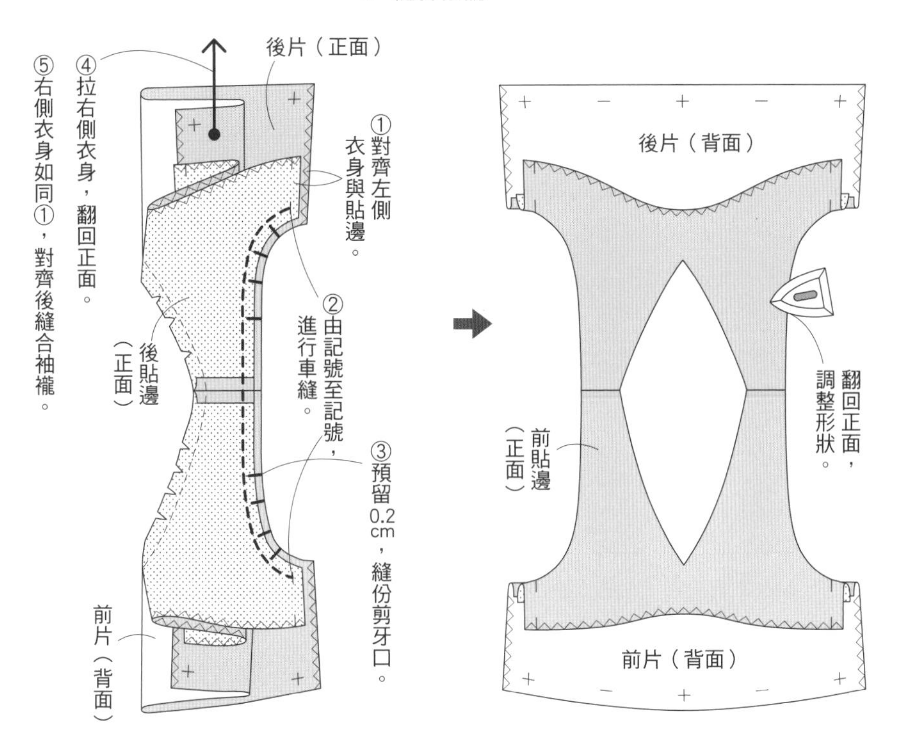

後片（正面）
①對齊左側衣身與貼邊。
②由記號至記號，進行車縫。
③預留0.2cm，縫份剪牙口。
④拉右側衣身，翻回正面。
⑤右側衣身如同①，對齊後縫合袖襱。
後貼邊（正面）
前片（背面）
後片（背面）
前貼邊（正面）
翻回正面，調整形狀。
前片（背面）

4 縫合衣身的脇邊線部位，處理領口、袖襱。

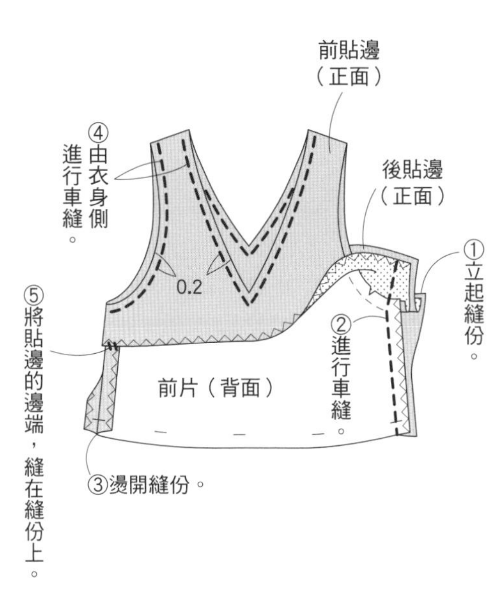

前貼邊（正面）
後貼邊（正面）
④由衣身側進行車縫。
0.2
①立起縫份。
②進行車縫。
⑤將貼邊的邊端，縫在縫份上。
前片（背面）
③燙開縫份。

5 製作裙子。

6 縫合衣身＆裙子。

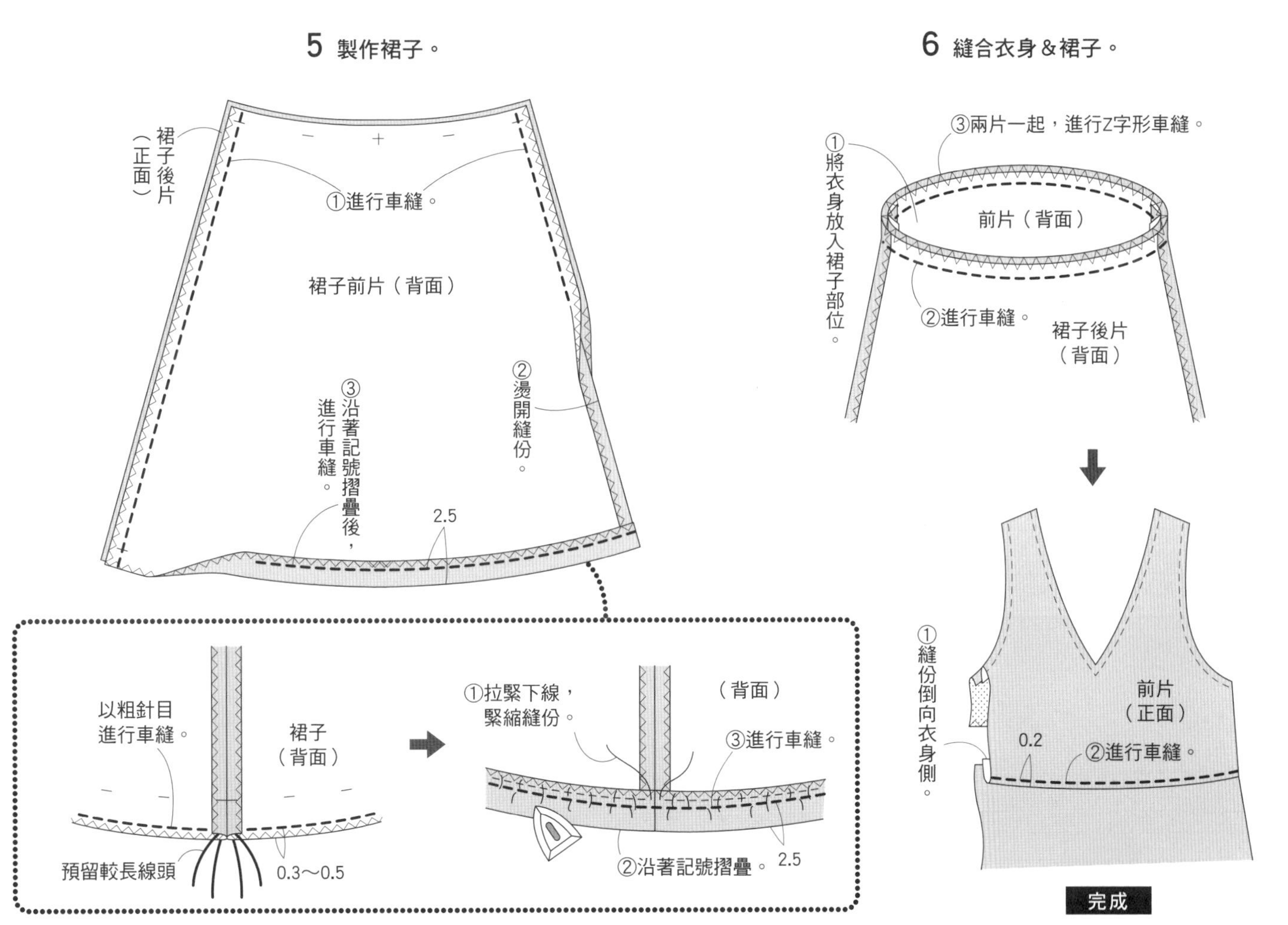

裙子後片（正面）
①進行車縫。
裙子前片（背面）
②燙開縫份。
③沿著記號摺疊後，進行車縫。
2.5
以粗針目進行車縫。
裙子（背面）
預留較長線頭
0.3～0.5
①拉緊下線，緊縮縫份。
（背面）
③進行車縫。
②沿著記號摺疊。
2.5
③兩片一起，進行Z字形車縫。
①將衣身放入裙子部位。
前片（背面）
②進行車縫。
裙子後片（背面）
①縫份倒向衣身側。
前片（正面）
0.2
②進行車縫。
完成

P.12 No.9

材料　　尺寸	S	M	L
表布（先染麻質斜紋布）　寬142cm	220cm	230cm	240cm
黏著襯（日本Viline FV-2N）　寬30cm	10cm	10cm	10cm
完成尺寸　前長（不含肩帶部分）	104.3cm	107cm	109.7cm

三個數字分別代表
S尺寸
M尺寸
L尺寸
一個數字則代表共通

原寸紙型 B面18

◆使用部位…前片／後片

＊裙子前後片、肩帶為直線部位，直接在布料上畫線後進行裁剪。

◆紙型的變更方法

＊在腰線上作合印記號。

＊後片作記號標註肩帶接縫位置，前片標註釦孔位置。

肩帶
3.5
0.2
85.5
87
88.5
摺線
7
＝No.18的紙型
肩帶接縫位置
12.5
13
13.5
0.2
後片
合印記號
後中心摺雙
1.5
0.2
釦孔
1.5
2
前片
前中心摺雙
0.2
合印記號
0.2
細褶
合印記號
前後中心摺雙
裙子前片・後片
76
78
80
2.8
49
50
51

作法順序

1
3
前片
5
2
4
後片

表布裁布圖

寬142cm
4
6
（正面）
前片
前中心
摺雙
後片
後中心
1.5
裙子前片
220
230
240
肩帶
4
1.5
裙子後片
4

◆除了指定處之外縫份尺寸皆為 1 cm。

＝黏著襯黏貼位置

作法

◆準備◆①黏貼黏著襯（釦孔位置）。
②裁布端進行Z字形車縫。
（衣身表側的腰線、裙子的脇邊線）

1 製作肩帶。

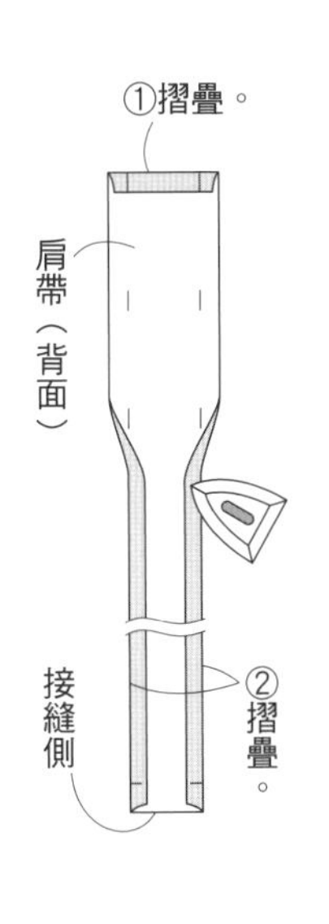

①摺疊。
肩帶（背面）
接縫側
②摺疊。

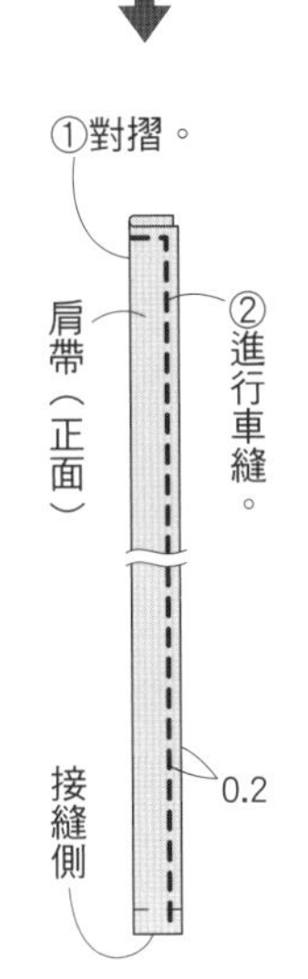

①對摺。
肩帶（正面）
②進行車縫。
接縫側
0.2

2 縫合衣身的脇邊線部位。

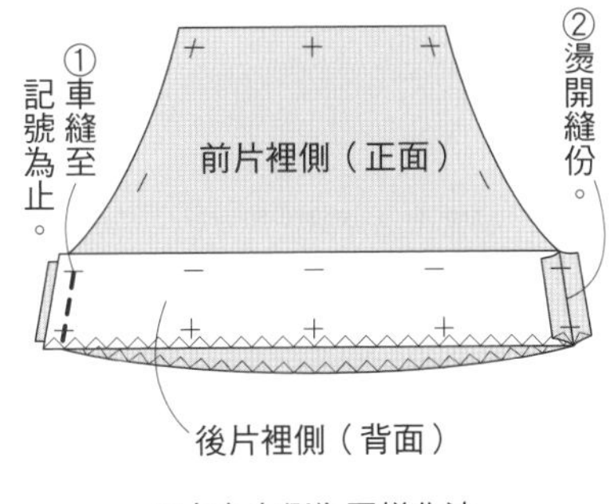

①車縫至記號為止。
前片裡側（正面）
②燙開縫份。
後片裡側（背面）

※衣身表側為同樣作法。

3 縫合衣身表側&衣身裡側。

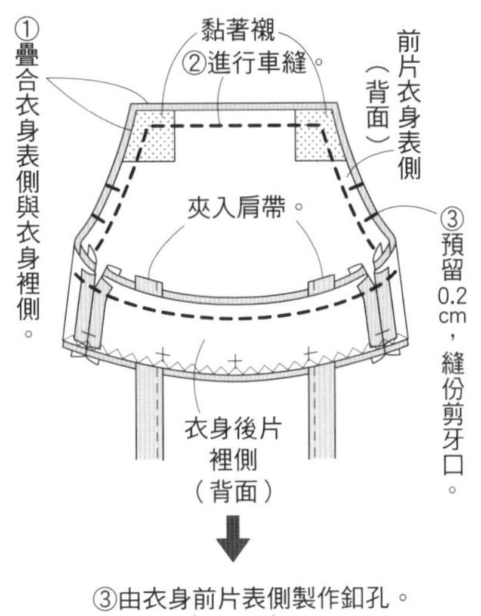

①疊合衣身表側與衣身裡側。
黏著襯
②進行車縫。
前片衣身表側（背面）
夾入肩帶。
③預留0.2cm，縫份剪牙口。
衣身後片裡側（背面）

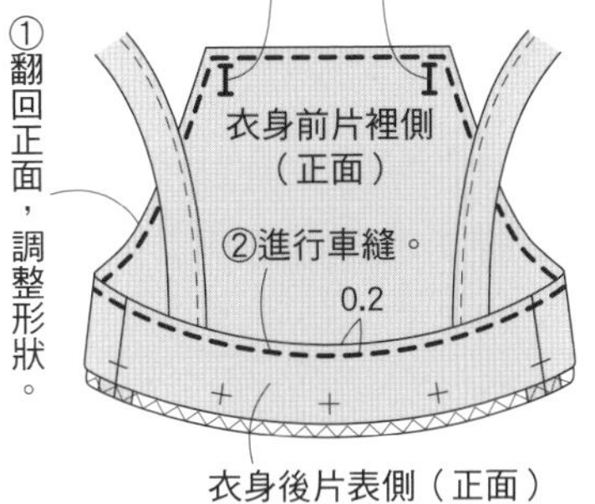

③由衣身前片表側製作釦孔。
①翻回正面，調整形狀。
衣身前片裡側（正面）
②進行車縫。
0.2
衣身後片表側（正面）

4 製作裙子。

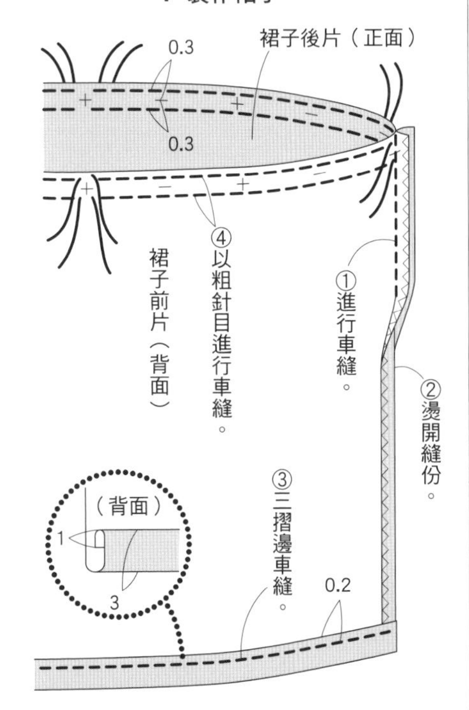

0.3
裙子後片（正面）
0.3
④以粗針目進行車縫。
裙子前片（背面）
①進行車縫。
②燙開縫份。
③三摺邊車縫。
0.2
（背面）
1
3

5 縫合衣身&裙子。

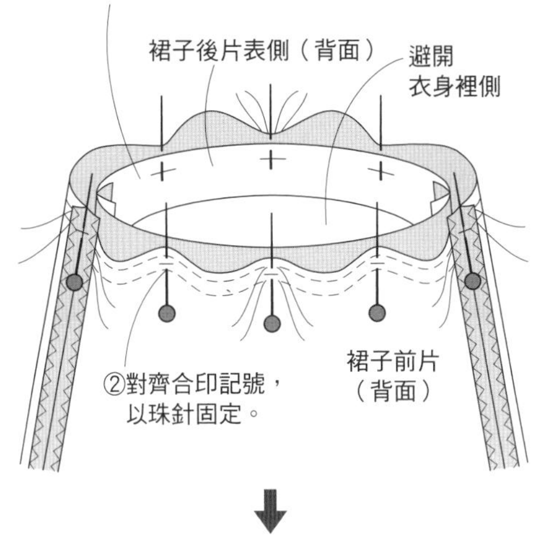

①將衣身放入裙子部位。
裙子後片表側（背面）
避開衣身裡側
②對齊合印記號，以珠針固定。
裙子前片（背面）

①兩條下線一起拉緊，形成細褶。
裙子後片表側（背面）
②進行車縫。
③拉掉裙子側形成細褶的縫線。
裙子前片（背面）

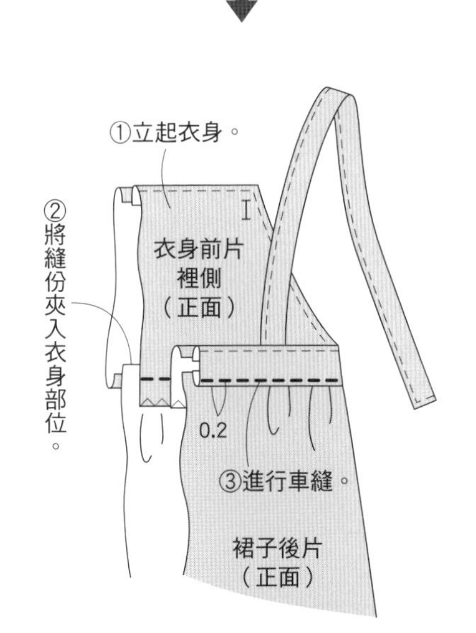

①立起衣身。
②將縫份夾入衣身部位。
衣身前片裡側（正面）
0.2
③進行車縫。
裙子後片（正面）

完成

P.14 No. 10 P.15 No. 11

材料 尺寸		S	M	L
No.10表布（馬德拉斯格紋棉麻先染布）	寬112cm	270cm	280cm	290cm
No.11表布（Nep Twill Chambray）	寬116cm	270cm	280cm	290cm
完成尺寸	前片衣長	113.5cm	117cm	120.5cm

三個數字分別代表
S尺寸
M尺寸
L尺寸
一個數字則代表共通

原寸紙型 B面11

◆使用部位…前片・後片・口袋

＊描畫原寸紙型時，分別描畫前片、後片與口袋。

＊斜布條、No.10的窄版腰帶為直線部位，直接在布料上作記號後進行裁剪。

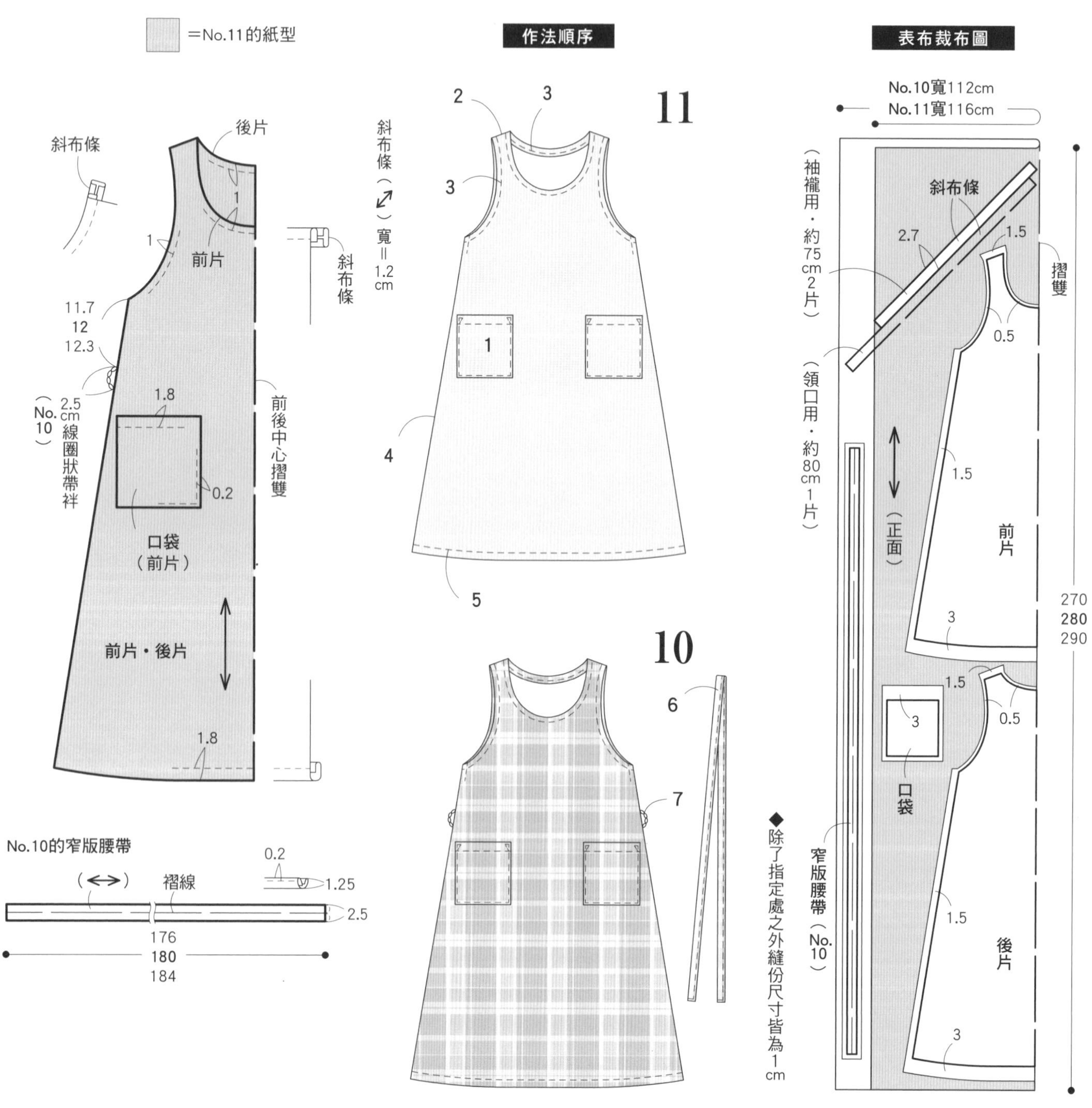

=No.11的紙型
斜布條
後片
前片
1
11.7
12
12.3
2.5cm線圈狀帶袢（No.10）
1.8
0.2
口袋（前片）
前片・後片
前後中心摺雙
斜布條
No.10的窄版腰帶
0.2
1.25
摺線
2.5
176
180
184
作法順序
斜布條（↗）寬＝1.2cm
11
2
3
3
1
4
5
10
6
7
表布裁布圖
No.10寬112cm
No.11寬116cm
斜布條
2.7
1.5
摺雙
（袖襱用・約75cm 2片）
0.5
（領口用・約80cm 1片）
（正面）
1.5
前片
3
270
280
290
1.5
0.5
3
口袋
窄版腰帶（No.10）
1.5
後片
3
◆除了指定處之外縫份尺寸皆為1cm

作法 ◆準備◆裁布端進行Z字形車縫（口袋、肩線）

1 製作口袋，縫合固定。

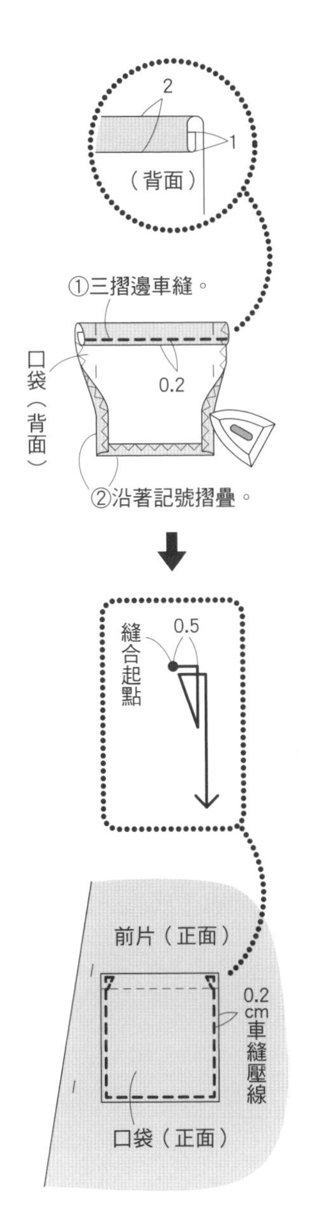
2
1
（背面）
①三摺邊車縫。
口袋（背面）
0.2
②沿著記號摺疊。
縫合起點
0.5
前片（正面）
0.2cm車縫壓線
口袋（正面）

2 縫合肩線部位。

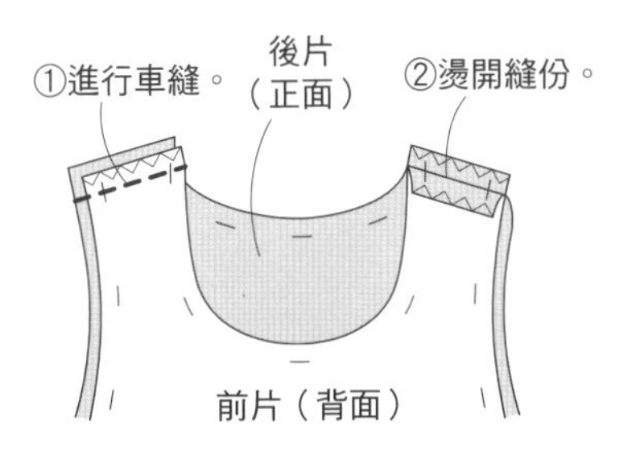
①進行車縫。
後片（正面）
②燙開縫份。
前片（背面）

3 縫合領口、袖襱（斜布條作法請參照P.35）

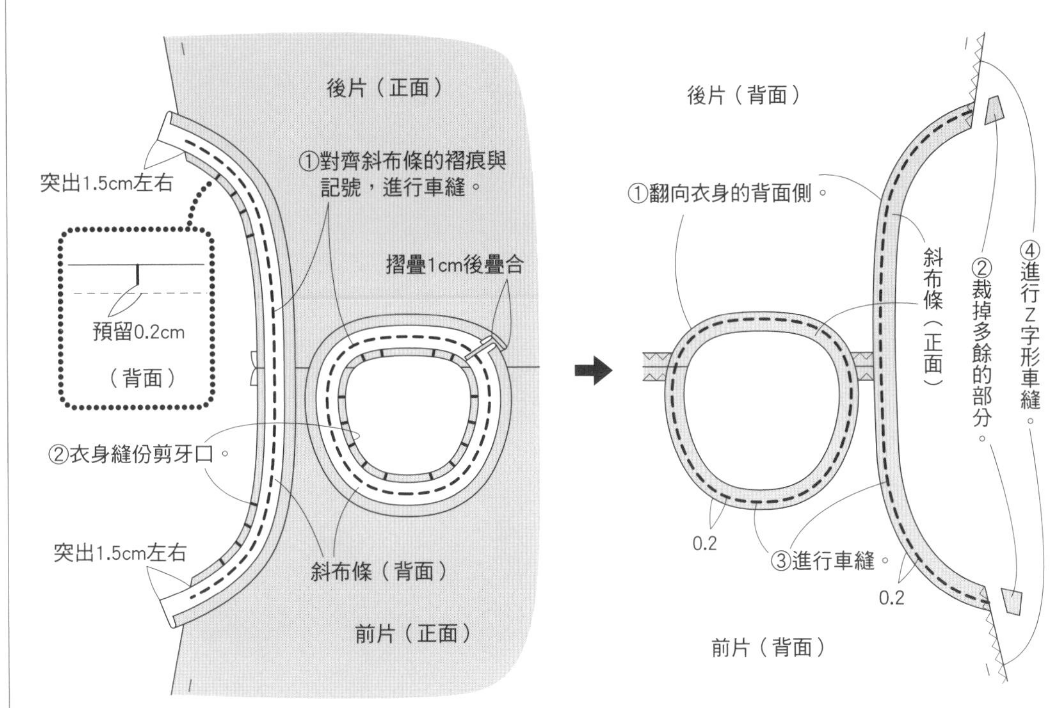
後片（正面）
突出1.5cm左右
①對齊斜布條的褶痕與記號，進行車縫。
摺疊1cm後疊合
預留0.2cm
（背面）
②衣身縫份剪牙口。
突出1.5cm左右
斜布條（背面）
前片（正面）
後片（背面）
①翻向衣身的背面側。
斜布條（正面）
②裁掉多餘的部分。
④進行Z字形車縫。
0.2
③進行車縫。
0.2
前片（背面）

4 縫合脇邊線部位。

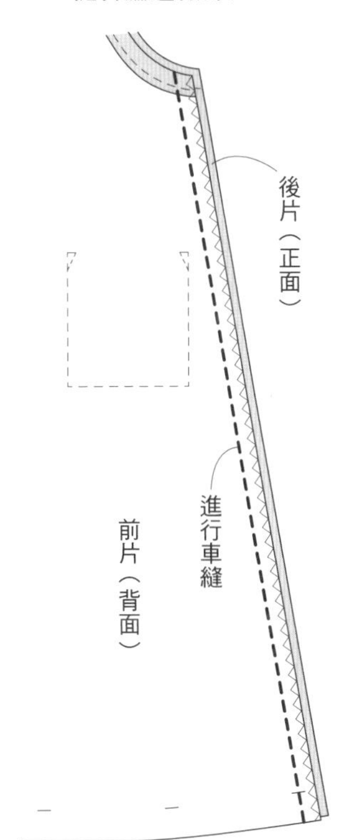
後片（正面）
進行車縫
前片（背面）

5 縫合下襬線部位。

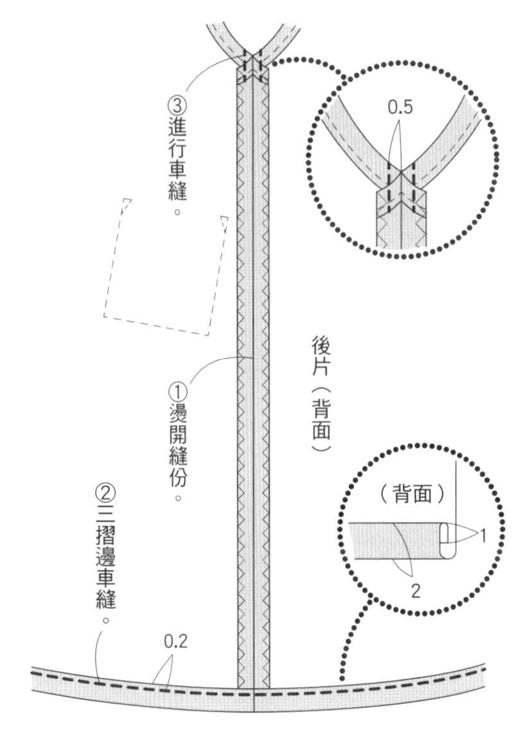
③進行車縫。
0.5
①燙開縫份。
後片（背面）
（背面）
1
2
②三摺邊車縫。
0.2

6 製作窄版腰帶（No.10・請參照P.58）

7 製作線圈狀帶袢（No.10・請參照P.80）

完成

P.16 No.**12**

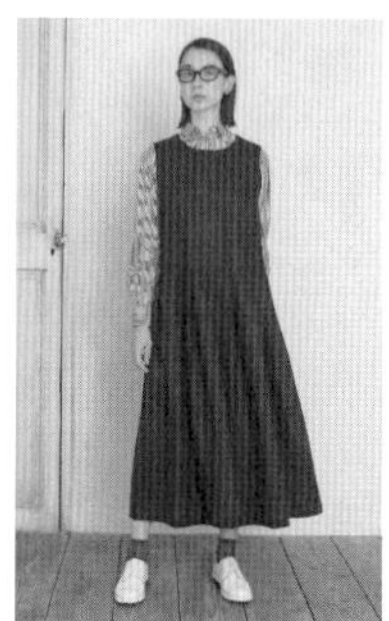

材料 尺寸		S	M	L
表布（法國亞麻布）	寬130cm	280cm	290cm	300cm
黏著襯（日本Viline FV-2N）	寬112cm	50cm	50cm	50cm
鈕釦	寬1.3cm	2顆	2顆	2顆
完成尺寸	前長	118cm	121cm	124cm

原寸紙型 A面1

◆**使用部位**…前片／後片／前貼邊／後貼邊。

＊裙子、釦袢、斜布條為直線部位，直接在布料上作記號後進行裁剪。

◆除了指定處之外縫份尺寸皆為1 cm。

▒＝黏著襯黏貼位置

表布裁布圖

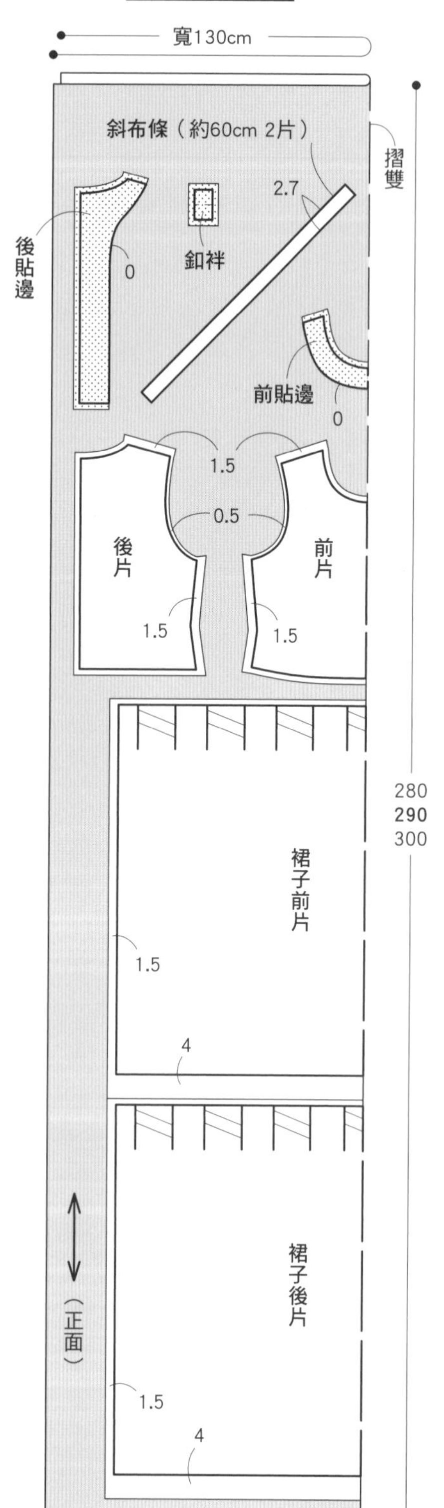

寬130cm
斜布條（約60cm 2片）
摺雙
後貼邊
0
釦袢
2.7
前貼邊
0
1.5
0.5
後片
前片
1.5
1.5
280
290
300
裙子前片
1.5
4
（正面）
裙子後片
1.5
4

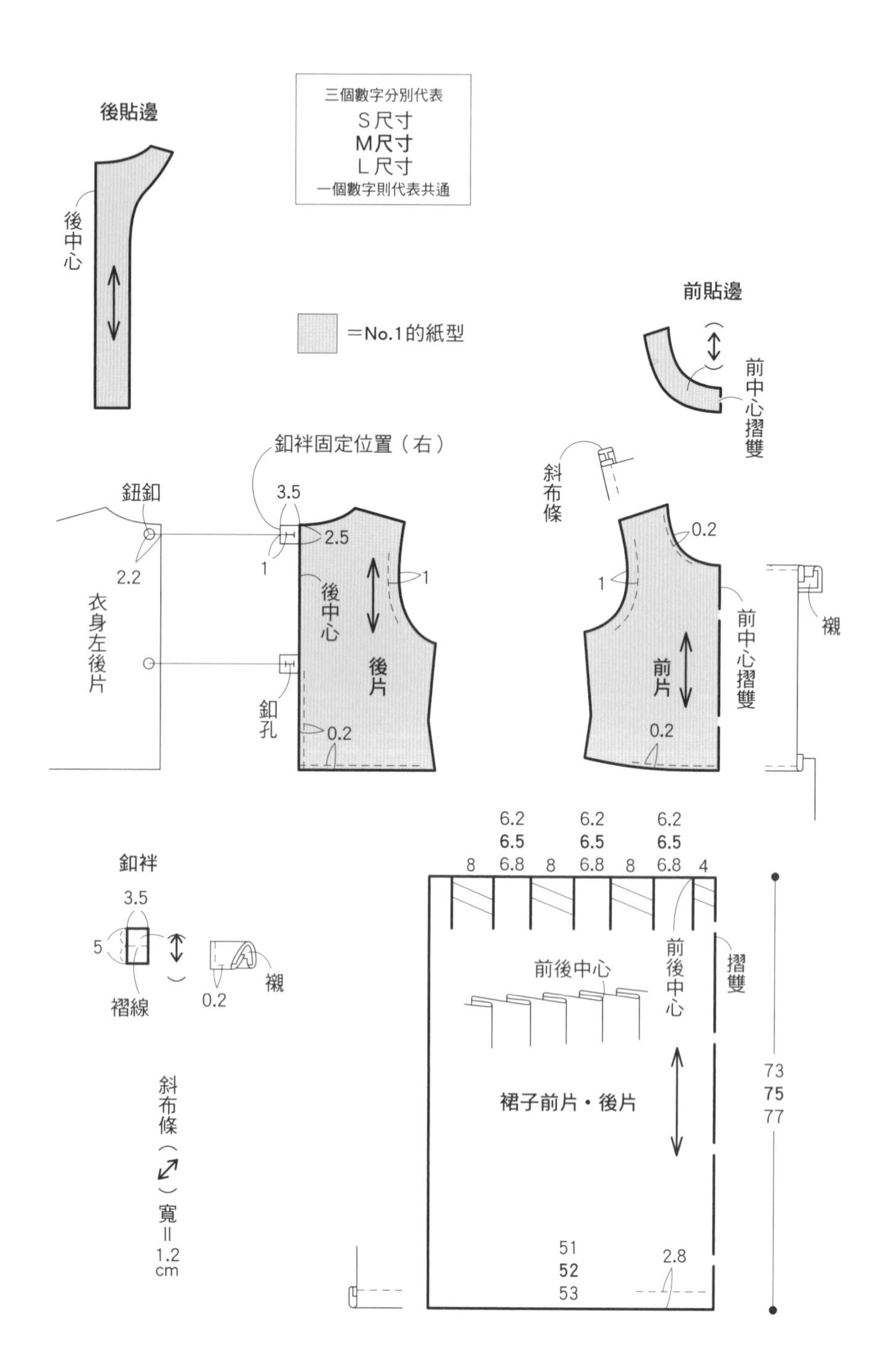

三個數字分別代表
S尺寸
M尺寸
L尺寸
一個數字則代表共通
後貼邊
後中心
＝No.1的紙型
前貼邊
前中心摺雙
釦袢固定位置（右）
鈕釦
3.5
2.5
1
1
2.2
衣身左後片
後中心
後片
釦孔
0.2
斜布條
0.2
1
前中心摺雙
前片
0.2
襯
釦袢
3.5
5
摺線
0.2
襯
6.2
6.5
6.8
8
4
前後中心
前後中心
摺雙
裙子前片・後片
73
75
77
51
52
53
2.8
斜布條（⤢）寬＝1.2cm

作法

◆準備◆
①黏貼黏著襯（貼邊、釦袢）。
②裁布端進行Z字形車縫。
（貼邊、肩線、衣身脇邊線、裙子脇邊線）

1 製作釦袢後縫合固定。

2 縫合肩線部位。

3 接縫貼邊，縫合袖襱、脇邊線。

◆1至3作法請參照P.35、P.36。

4 摺疊褶襇。

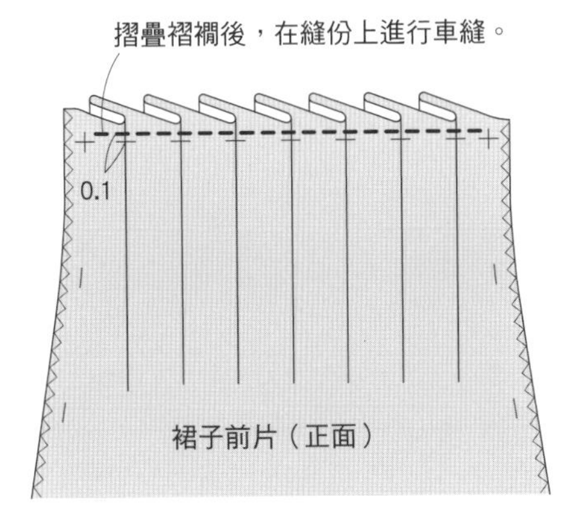

摺疊褶襇後，在縫份上進行車縫。
0.1
裙子前片（正面）

※裙子後片以同樣方法摺疊。

5 先縫合裙子的脇邊線，再縫合下襬線部位。

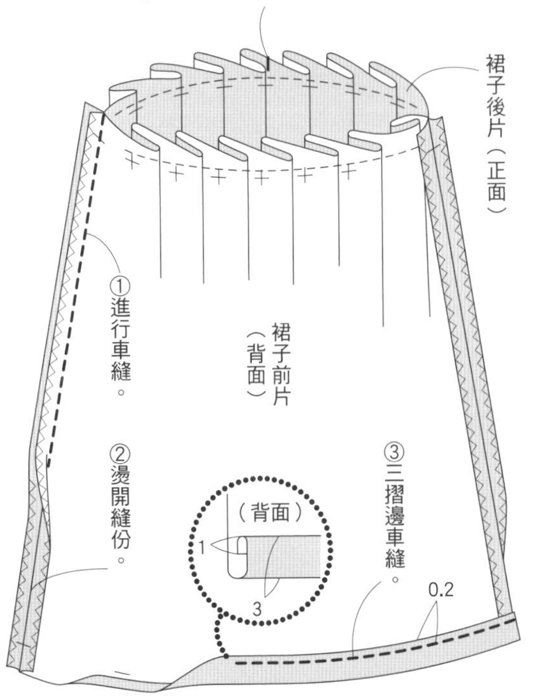

④後片中心的縫份剪牙口。
裙子後片（正面）
①進行車縫。
裙子前片（背面）
②燙開縫份。
③三摺邊車縫。
（背面）
1
3
0.2

作法順序

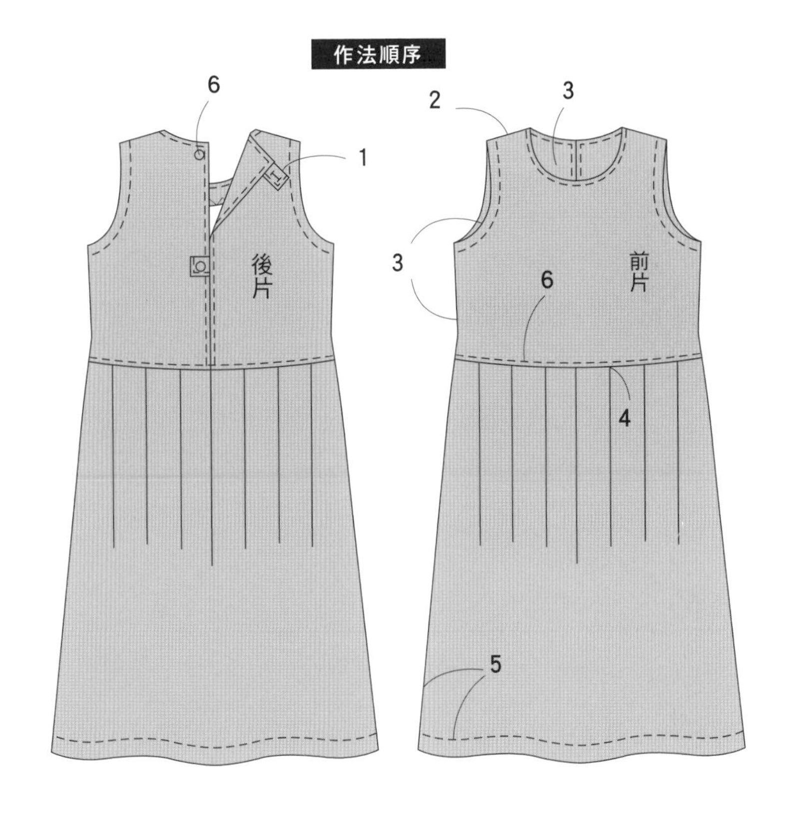

6
1
2
3
後片
3
6
前片
4
5

6 縫合衣身＆裙子後進行縫釦。

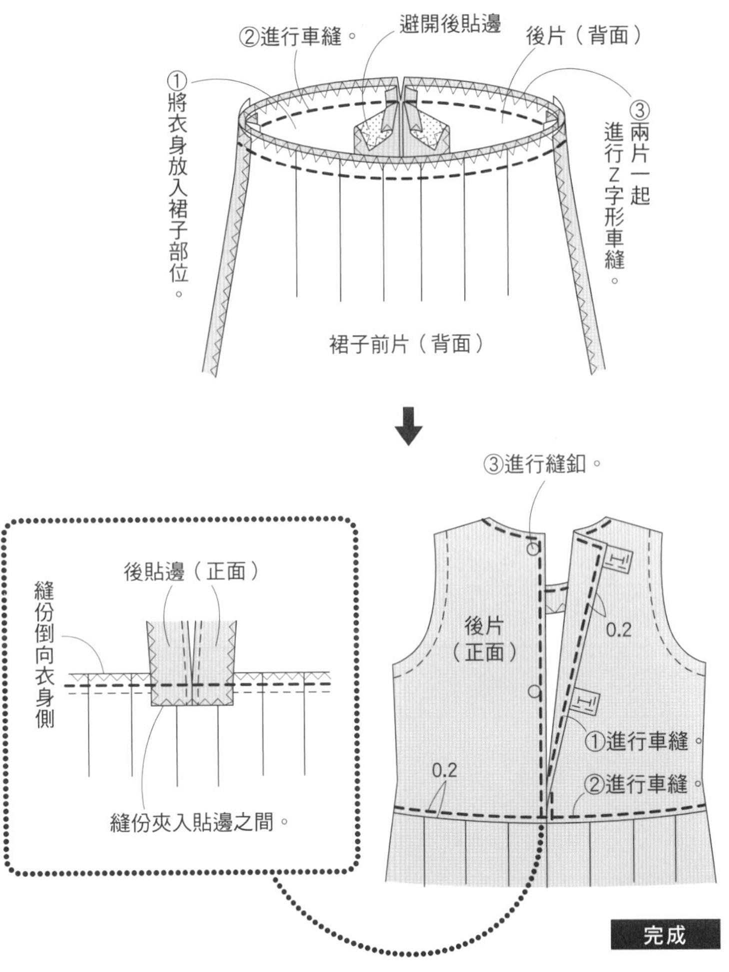

②進行車縫。
避開後貼邊
後片（背面）
①將衣身放入裙子部位。
③兩片一起進行Z字形車縫。
裙子前片（背面）
③進行縫釦。
後貼邊（正面）
縫份倒向衣身側
縫份夾入貼邊之間。
0.2
後片（正面）
①進行車縫。
②進行車縫。
0.2
完成

P.18 No.13

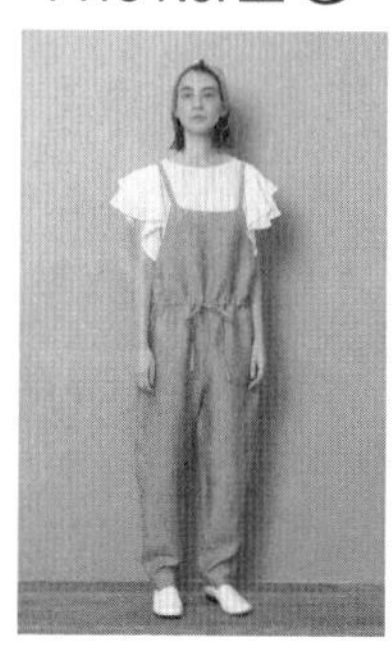

材料 尺寸	S	M	L
表布（Linen chambray） 寬143cm	280cm	290cm	300cm
黏著襯（日本Viline FV-2N） 寬10cm	10cm	10cm	10cm
鈕釦 直徑1.3cm	2顆	2顆	2顆
完成尺寸 前長（不含肩帶部分）	116.3cm	121cm	125.7cm

三個數字分別代表
S尺寸
M尺寸
L尺寸
一個數字則代表共通

原寸紙型 A面2／B面18

◆使用部位…A面2：（褲子）前片／（褲子）後片

B面18：衣身前片

＊腰部繫帶、肩帶為直線部位，直接在布料上作記號後進行裁剪。

◆紙型的變更方法

＊衣身上部邊端形成曲線，後片腰線部位重新畫上筆直線條。

＊縮短褲長，縮小褲腳寬度。

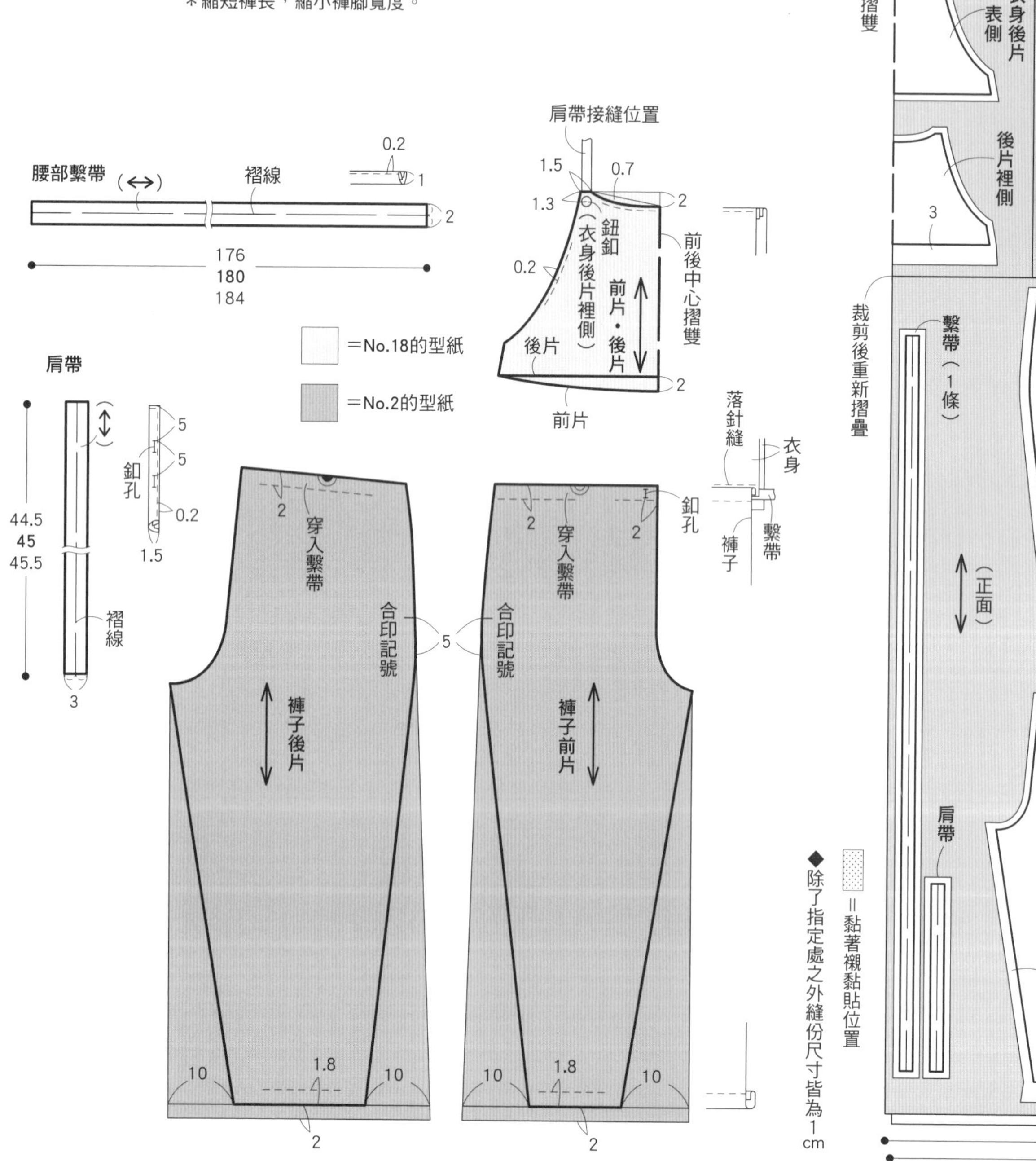

腰部繫帶（↔）
褶線
0.2
1
2
176
180
184
肩帶
44.5
45
45.5
釦孔
5
5
0.2
1.5
褶線
3
=No.18的型紙
=No.2的型紙
肩帶接縫位置
1.5
0.7
1.3
2
鈕釦（衣身後片裡側）
前片・後片
前後中心摺雙
0.2
後片
前片
落針縫
衣身
釦孔
繫帶
褲子
穿入繫帶
合印記號
5
褲子後片
褲子前片
10
1.8
2

表布裁布圖

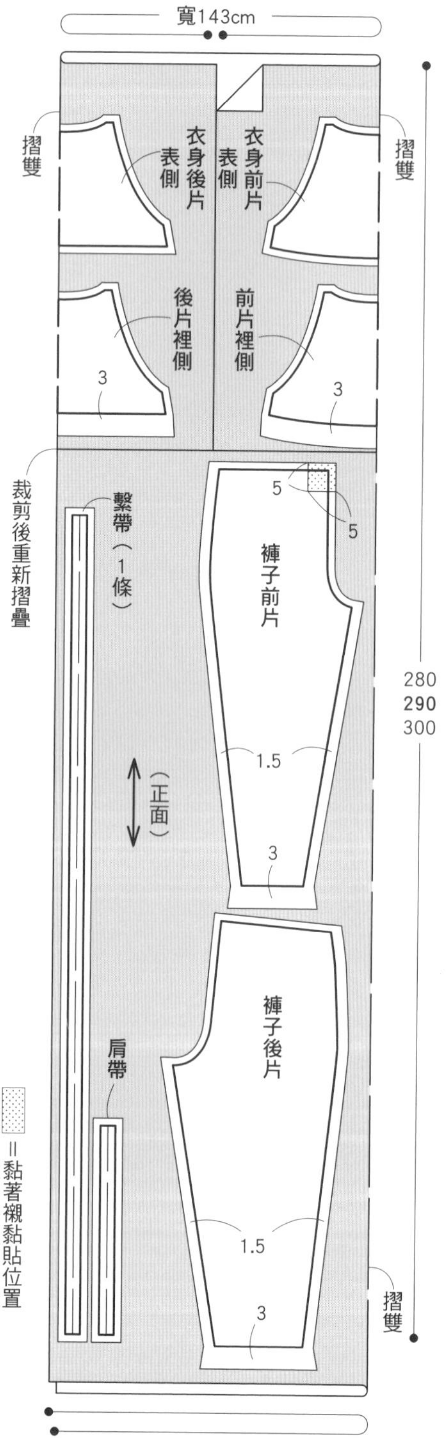

寬143cm
摺雙
衣身後片表側
衣身前片表側
後片裡側
前片裡側
3
裁剪後重新摺疊
繫帶（1條）
（正面）
褲子前片
5
1.5
褲子後片
肩帶
280
290
300
=黏著襯黏貼位置
◆除了指定處之外縫份尺寸皆為1cm

作法順序

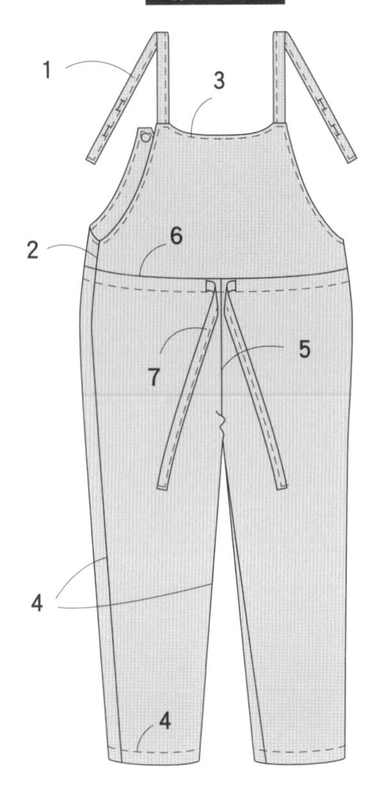

1
2
3
4
4
5
6
7

作法 ◆準備◆①黏貼黏著襯，製作釦孔。
（請參照P.58）
②裁布端進行Z字形車縫。
（衣身後片的腰線、褲子的脇邊線、股下線、褲襠線）

1 製作肩帶。

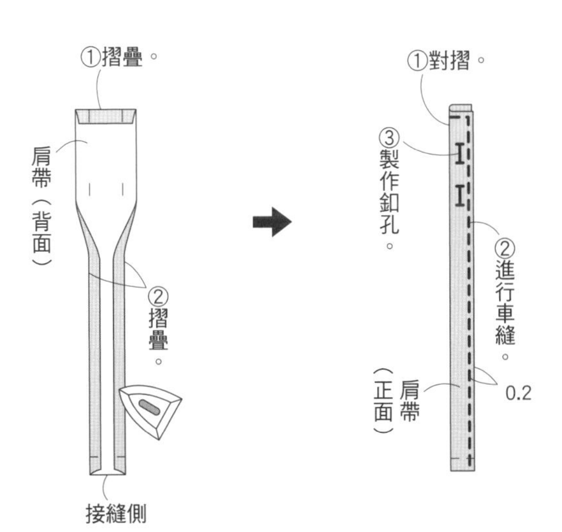

①摺疊。
肩帶（背面）
②摺疊。
接縫側
①對摺。
③製作釦孔。
②進行車縫。
肩帶（正面）
0.2

2 縫合衣身的脇邊線部位。

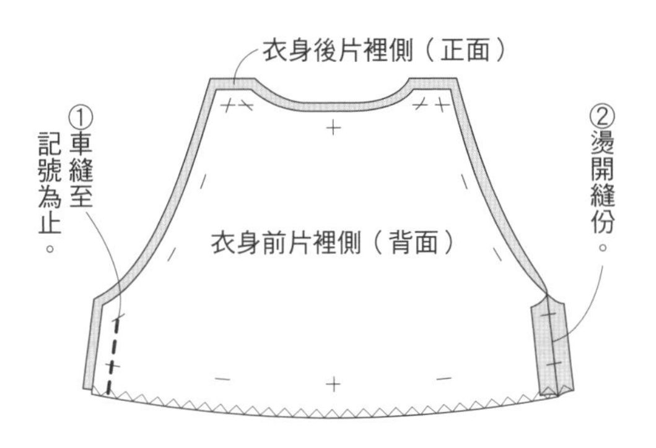

衣身後片裡側（正面）
①車縫至記號為止。
②燙開縫份。
衣身前片裡側（背面）

※衣身表側以同樣方法縫合。

3 縫合衣身表側＆衣身裡側。

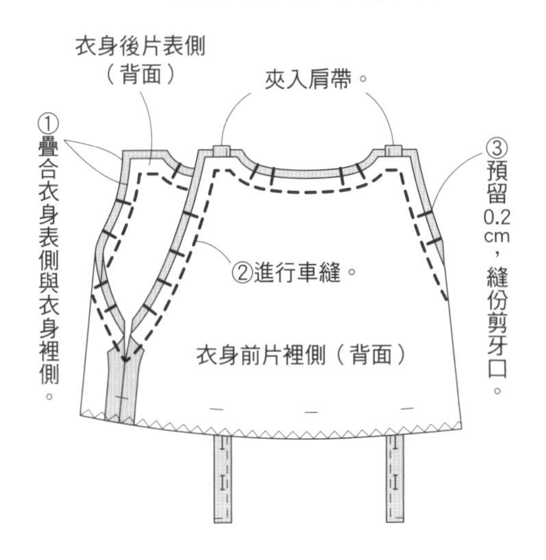

衣身後片表側（背面）
夾入肩帶。
①疊合衣身表側與衣身裡側。
③預留0.2cm，縫份剪牙口。
②進行車縫。
衣身前片裡側（背面）

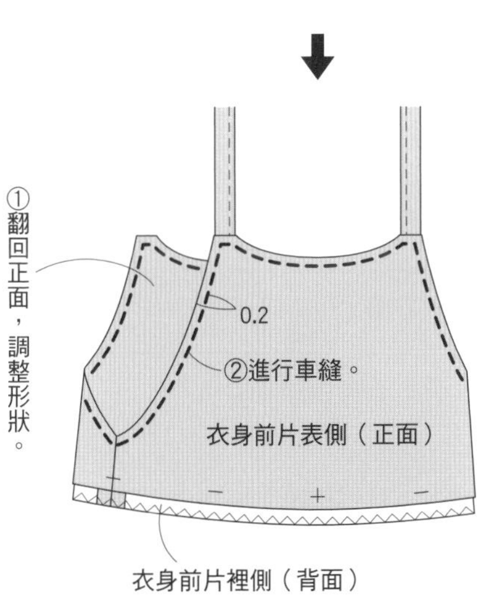

①翻回正面，調整形狀。
0.2
②進行車縫。
衣身前片表側（正面）
衣身前片裡側（背面）

4 先縫合褲子的脇邊線、股下線，再縫合褲腳線部位。

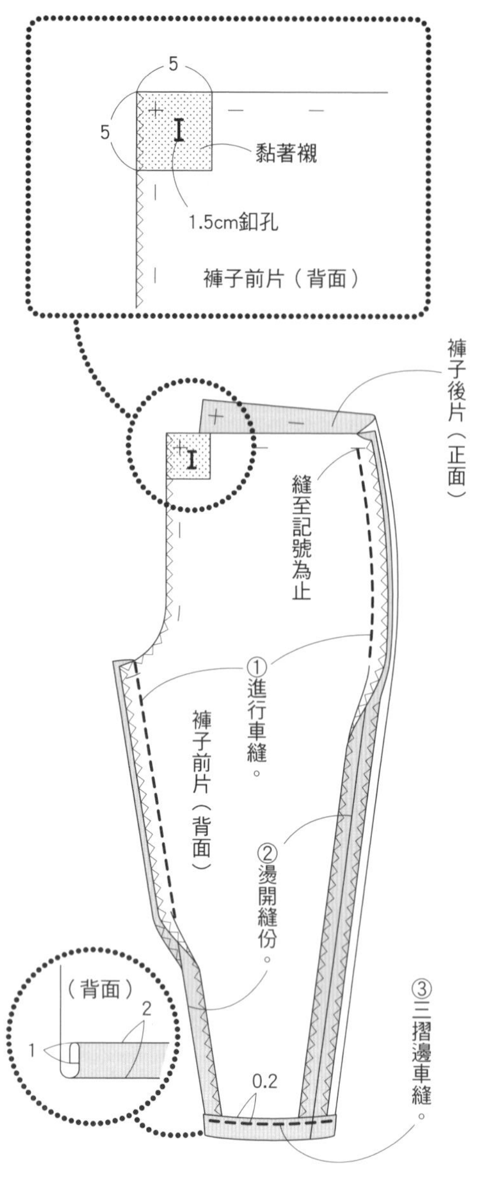
5
5
黏著襯
1.5cm釦孔
褲子前片（背面）
褲子後片（正面）
縫至記號為止
①進行車縫。
褲子前片（背面）
②燙開縫份。
（背面）
2
1
0.2
③三摺邊車縫。

5 縫合褲襠。

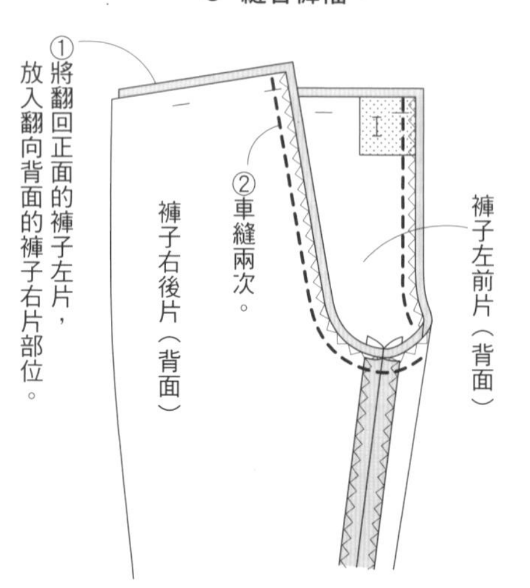
①將翻回正面的褲子左片，放入翻向背面的褲子右片部位。
褲子右後片（背面）
②車縫兩次。
褲子左前片（背面）

6 縫合衣身＆褲子。

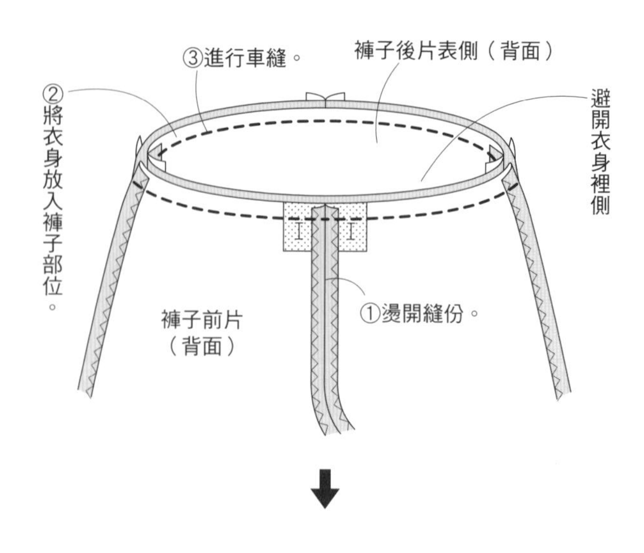
③進行車縫。
褲子後片表側（背面）
②將衣身放入褲子部位。
避開衣身裡側
褲子前片（背面）
①燙開縫份。

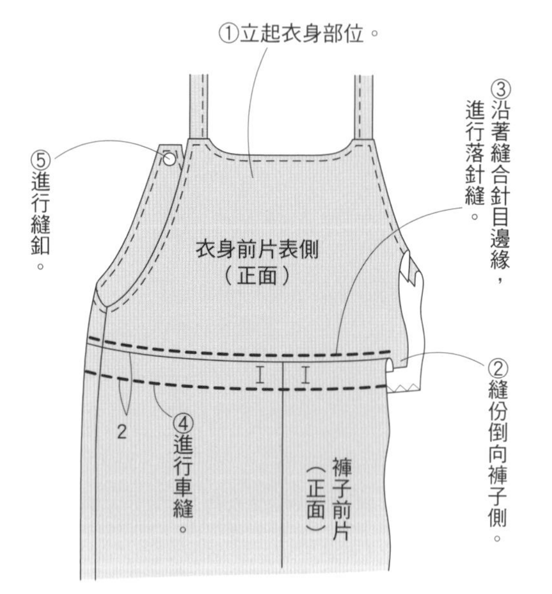
①立起衣身部位。
⑤進行縫釦。
③沿著縫合針目邊緣，進行落針縫。
衣身前片表側（正面）
②縫份倒向褲子側。
2
④進行車縫。
褲子前片（正面）

7 製作繫帶，穿入腰部。

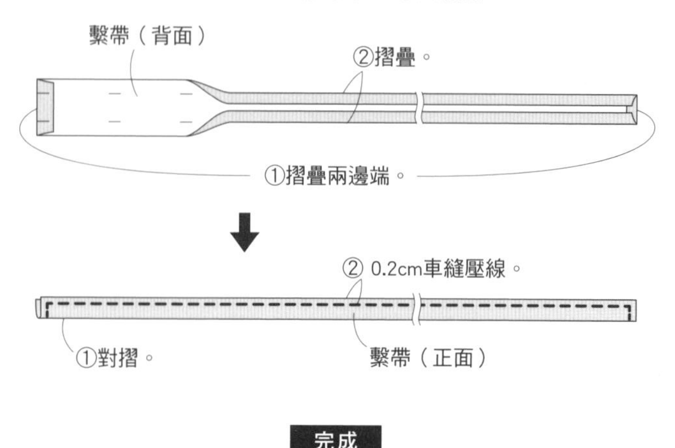
繫帶（背面）
②摺疊。
①摺疊兩邊端。
② 0.2cm車縫壓線。
①對摺。
繫帶（正面）

完成

P.5 No.3　襯褲

材料　　　　　　　　　　尺寸	S	M	L
表布（聚酯纖維）　寬110cm	200cm	210cm	220cm
鬆緊帶　寬1.5cm	65cm	70cm	75cm
完成尺寸　褲長	87cm	91cm	95cm

原寸紙型　A面2

◆**使用部位**…褲子前片／褲子後片

◆**紙型的變更方法**

＊前片腰線捲縫2cm。

＊縮小褲腳寬度，縮短褲長。

三個數字分別代表 S尺寸 M尺寸 L尺寸 一個數字則代表共通

＝No.2的紙型

作法順序

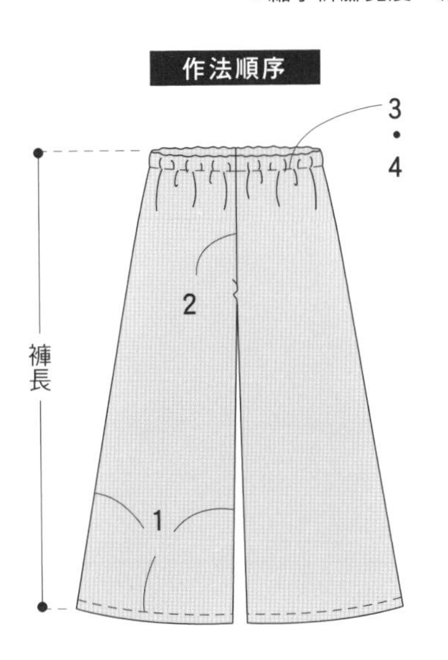

3・4
2
褲長
1

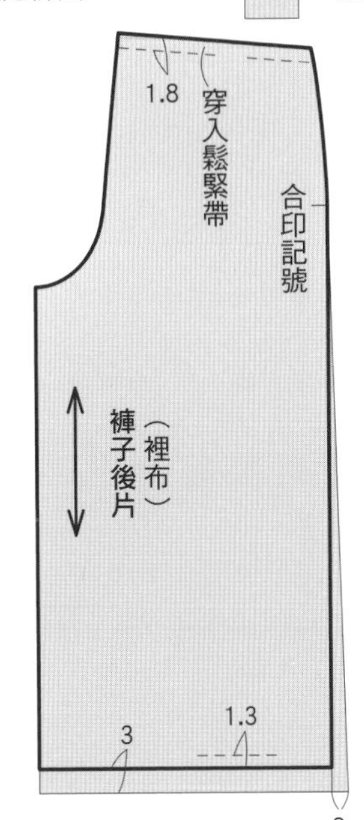

1.8
穿入鬆緊帶
合印記號
褲子後片（裡布）
3
1.3
2

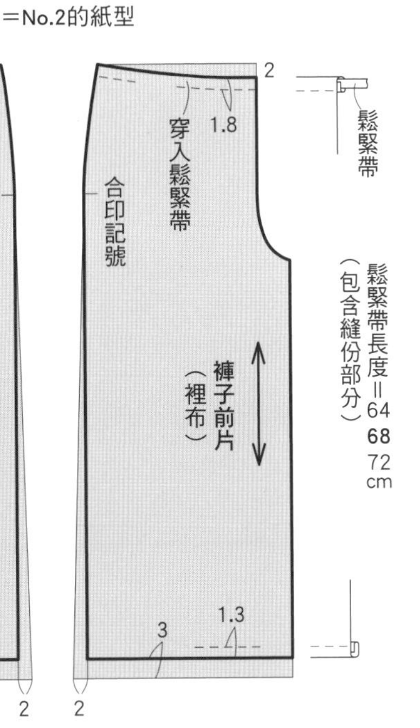

2
1.8
穿入鬆緊帶
合印記號
褲子前片（裡布）
鬆緊帶
鬆緊帶長度＝64 68 72cm（包含縫份部分）
3
1.3
2

裡布裁布圖

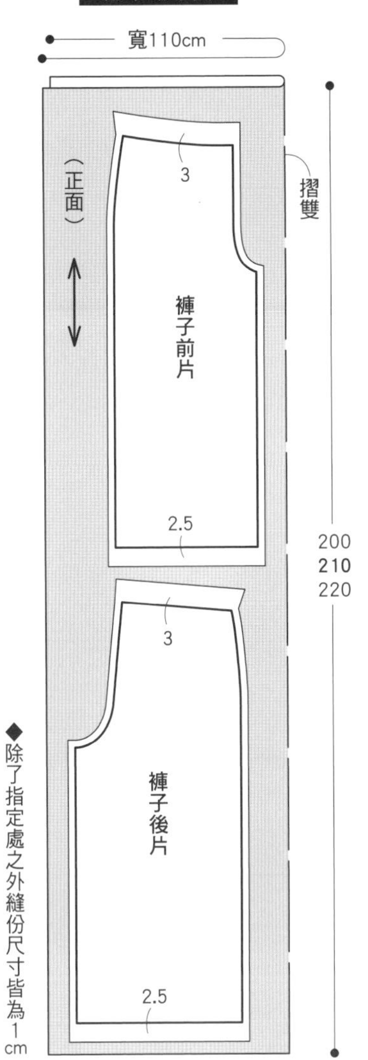

寬110cm
（正面）
摺雙
3
褲子前片
2.5
200 210 220
3
褲子後片
2.5

◆除了指定處之外縫份尺寸皆為1cm

作法

1 先縫合脇邊線、股下線，再縫合褲腳線部位。

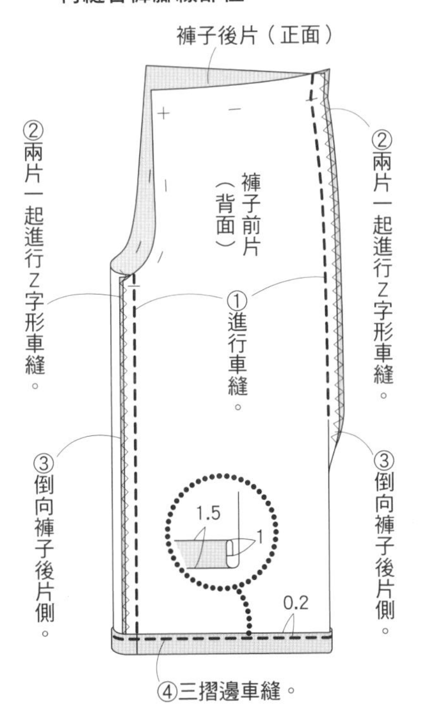

褲子後片（正面）
②兩片一起進行Z字形車縫。
褲子前片（背面）
①進行車縫。
②兩片一起進行Z字形車縫。
③倒向褲子後片側。
1.5
1
0.2
③倒向褲子後片側。
④三摺邊車縫。

2 縫合褲襠。

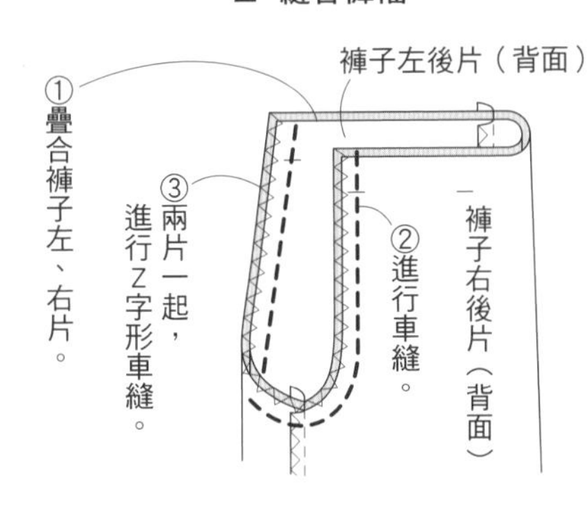

褲子左後片（背面）
①疊合褲子左、右片。
③兩片一起，進行Z字形車縫。
②進行車縫。
褲子右後片（背面）

3 縫合腰頭。

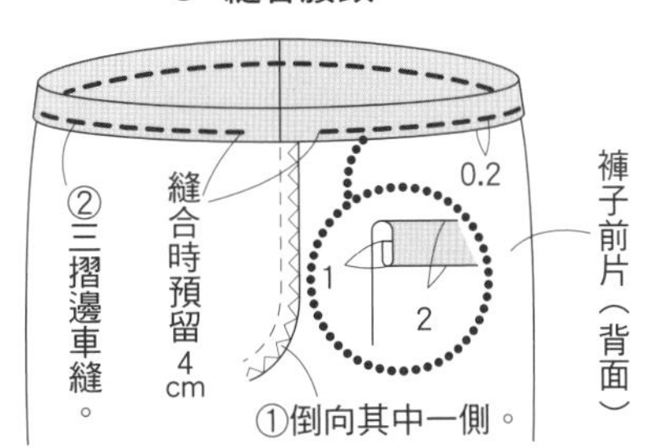

②三摺邊車縫。
縫合時預留4cm
0.2
1
2
褲子前片（背面）
①倒向其中一側。

4 穿入鬆緊帶。

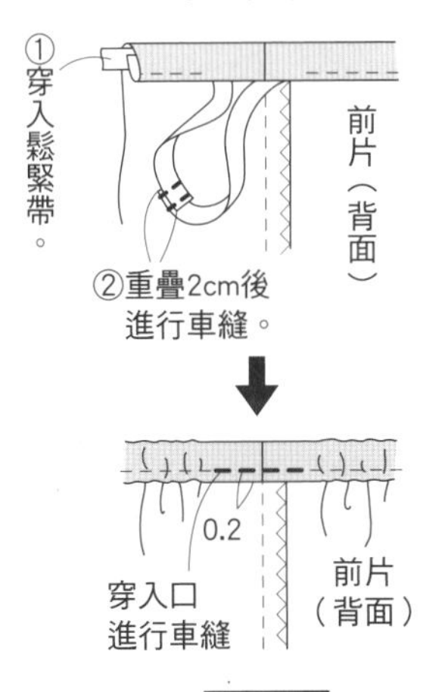

①穿入鬆緊帶。
前片（背面）
②重疊2cm後進行車縫。
0.2
穿入口進行車縫
前片（背面）

完成

P.20 No.14

材料　　　　尺寸	S	M	L
表布（棉麻格紋先染布）　寬108cm	240cm	250cm	260cm
黏著襯（日本Viline FV-2N）　寬112cm	30cm	30cm	30cm
鈕釦　直徑1.5cm	2顆	2顆	2顆
完成尺寸　前長（不含肩帶部分）	96.3cm	99cm	101.7cm

原寸紙型　B面15／B面18

◆使用部位…B面15：（衣身）前片／（衣身）後片／前貼邊／後貼邊

B面18：裙子前片／裙子後片

＊肩帶為直線部位，直接在布料上作記號後進行裁剪。

◆紙型的變更方法

＊接合衣身與裙子部分的紙型，描畫成一整張紙型（請參照下圖）。

◆除了指定處之外縫份尺寸皆為1cm

＝黏著襯黏貼位置

表布裁布圖

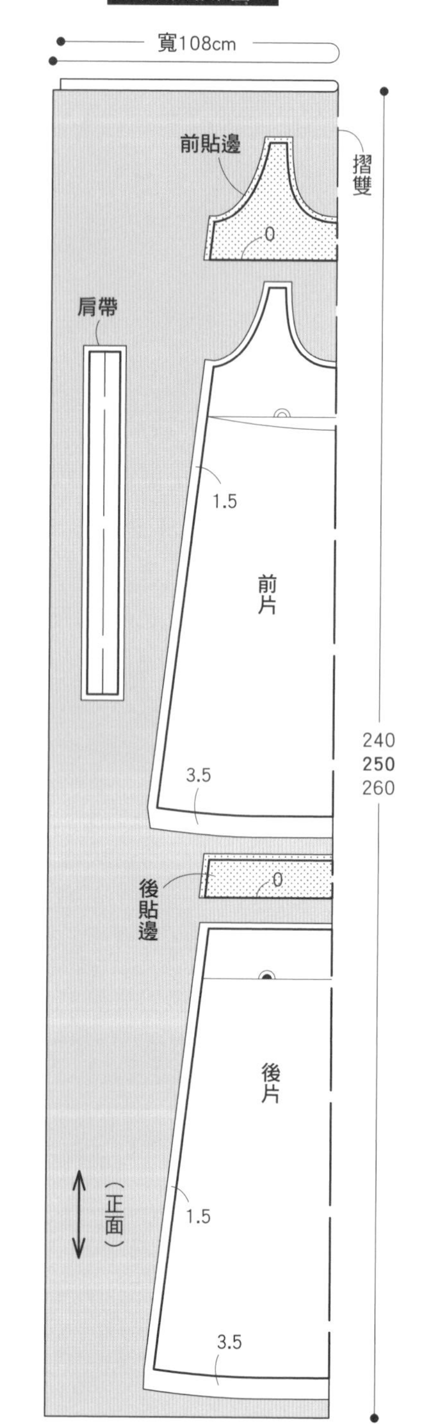

寬108cm
前貼邊
摺雙
0
肩帶
1.5
前片
3.5
240
250
260
後貼邊
0
後片
（正面）
1.5
3.5

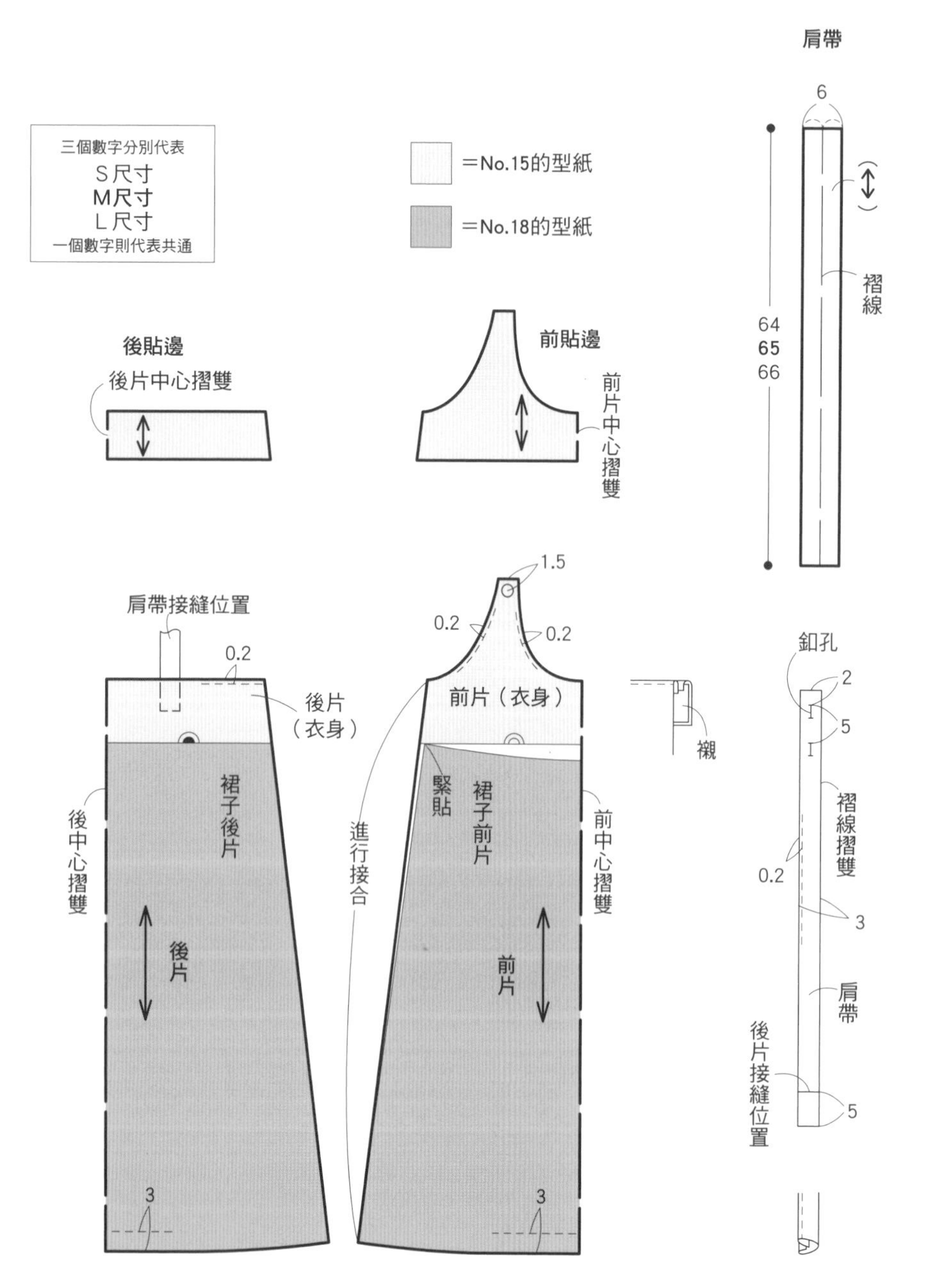

三個數字分別代表
S尺寸
M尺寸
L尺寸
一個數字則代表共通
＝No.15的型紙
＝No.18的型紙
後貼邊
後片中心摺雙
前貼邊
前片中心摺雙
肩帶
6
64
65
66
褶線
肩帶接縫位置
0.2
後片（衣身）
裙子後片
後中心摺雙
後片
3
1.5
0.2
0.2
前片（衣身）
緊貼
裙子前片
進行接合
前中心摺雙
前片
3
襯
釦孔
2
5
褶線摺雙
0.2
3
肩帶
後片接縫位置
5

作法順序

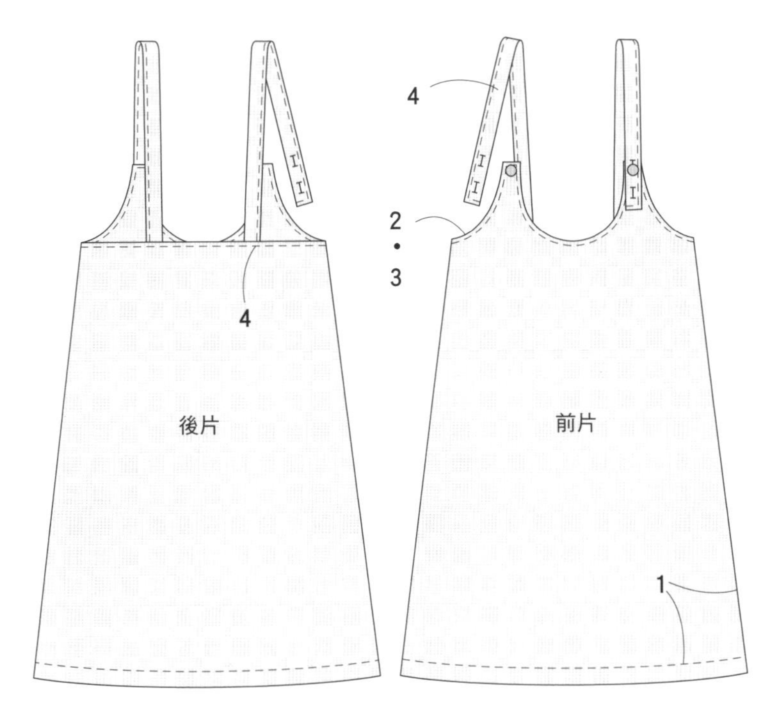

4
後片
4
2
•
3
前片
1

2 縫合貼邊的脇邊線部位。

3 接縫貼邊。進行縫釦。

◆2 、 3作法請參照P.63。

作法

◆準備◆①黏貼黏著襯（貼邊）。
②裁布端進行Z字形車縫。
（貼邊、脇邊線、下襬線）

1 先縫合脇邊線，再縫合下襬線部位。

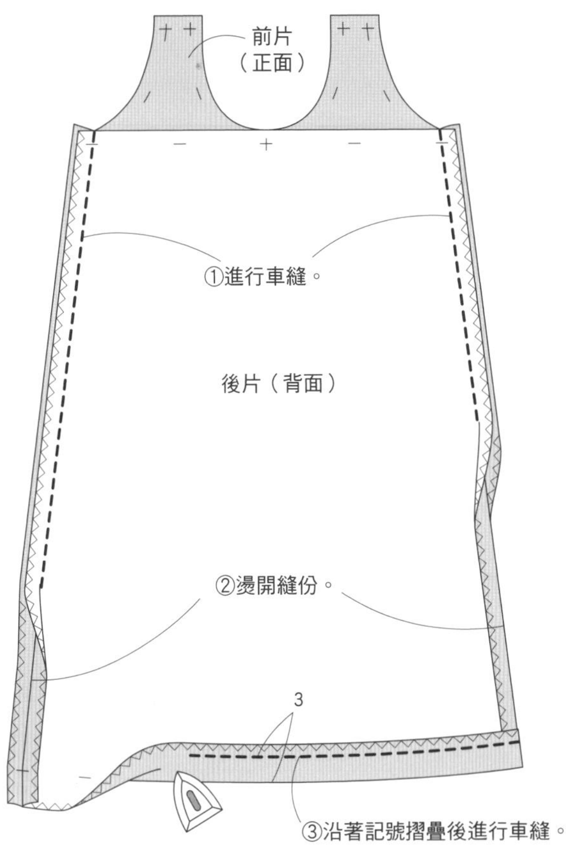

前片
（正面）
①進行車縫。
後片（背面）
②燙開縫份。
3
③沿著記號摺疊後進行車縫。

4 製作肩帶，進行接縫。

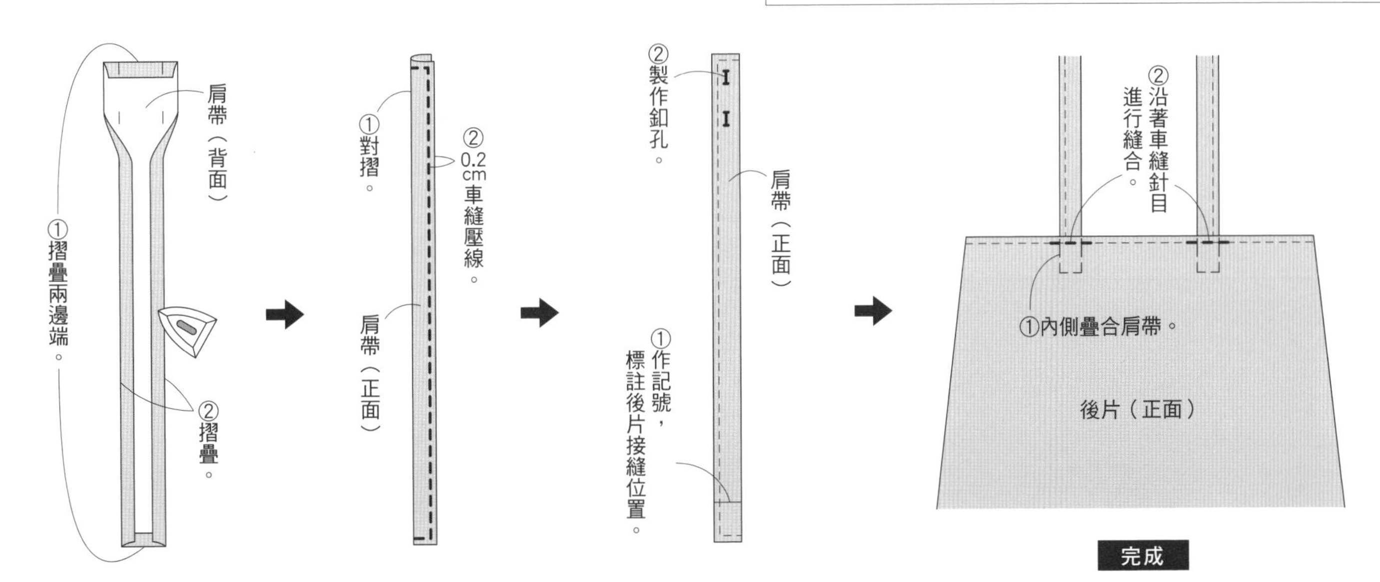

肩帶（背面）
①摺疊兩邊端。
②摺疊。
①對摺。
②0.2cm車縫壓線。
肩帶（正面）
②製作釦孔。
肩帶（正面）
①作記號，標註後片接縫位置。
②沿著車縫針目進行縫合。
①內側疊合肩帶。
後片（正面）

完成

P.21 No.**15**

材料　　　　尺寸	S	M	L
表布（Green Fill Double Cross）寬140cm	240cm	250cm	260cm
黏著襯（日本Viline FV-2N）寬112cm	30cm	30cm	30cm
鈕釦　直徑1.5cm	2顆	2顆	2顆
完成尺寸　前長（不含肩帶部分）	113.3cm	118cm	122.7cm

三個數字分別代表
S尺寸
M尺寸
L尺寸
一個數字則代表共通

原寸紙型　A面2／B面15

◆**使用部位**…B面15：（衣身）前片／（衣身）後片／前貼邊／後貼邊
A面2：褲子前片／褲子後片

＊肩帶為直線部位，直接在布料上作記號後進行裁剪。

◆**紙型的變更方法**

＊將衣身與褲子部位的紙型接合，描畫成一整張紙型（請參照下圖）。

◆除了指定處之外縫份尺寸皆為は 1 cm

＝黏著襯黏貼位置

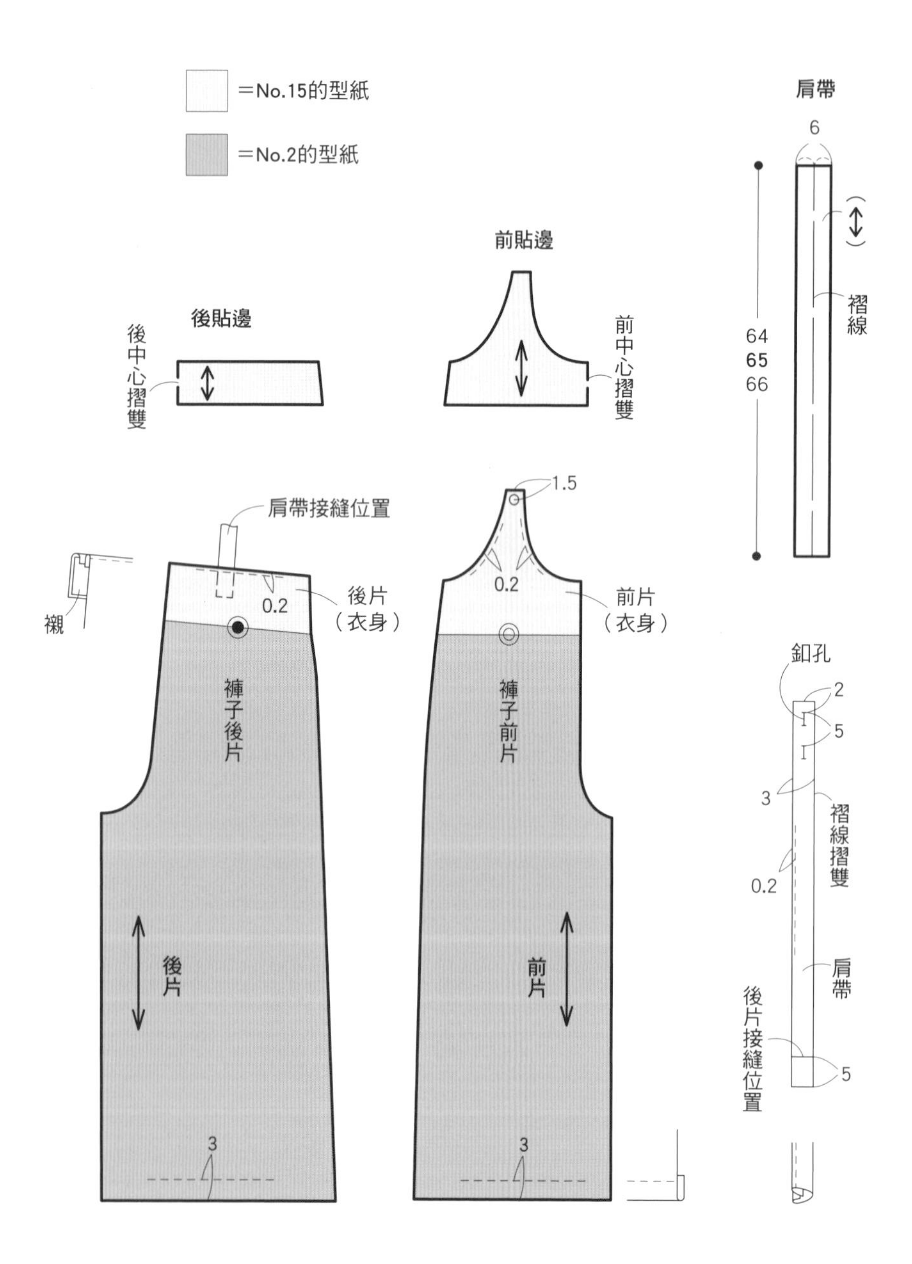

＝No.15的型紙
＝No.2的型紙
前貼邊
後貼邊
後中心摺雙
前中心摺雙
肩帶
6
摺線
64
65
66
肩帶接縫位置
1.5
0.2
後片（衣身）
前片（衣身）
襯
褲子後片
褲子前片
後片
前片
3
釦孔
2
5
摺線摺雙
0.2
肩帶
後片接縫位置

表布裁布圖

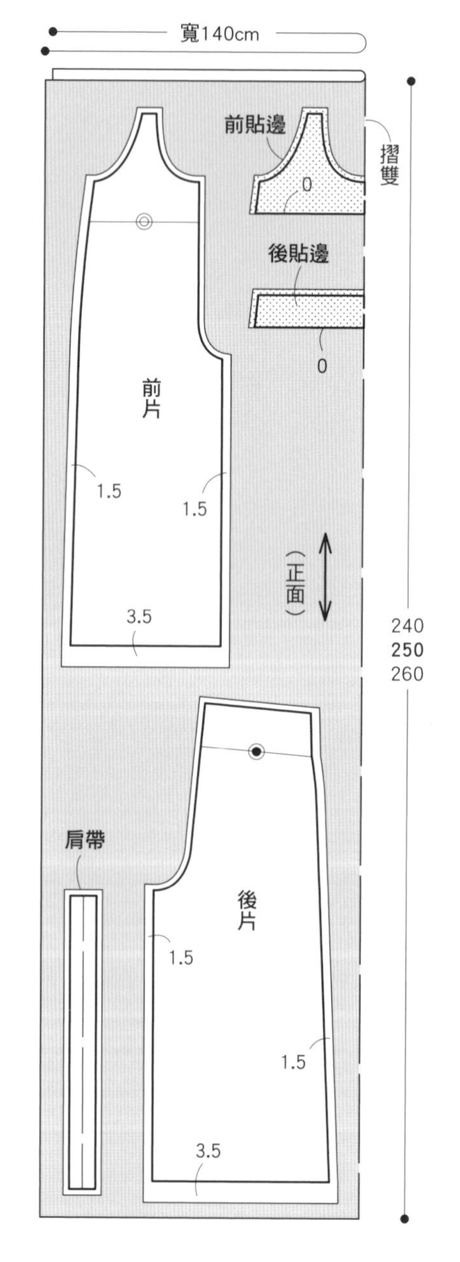

寬140cm
前貼邊
摺雙
0
後貼邊
前片
1.5
3.5
（正面）
240
250
260
肩帶
後片

作法 ◆準備◆①黏貼黏著襯（貼邊）。
②裁布端進行Z字形車縫（貼邊、脇邊線、股下線、褲襠線、褲腳線）

作法順序

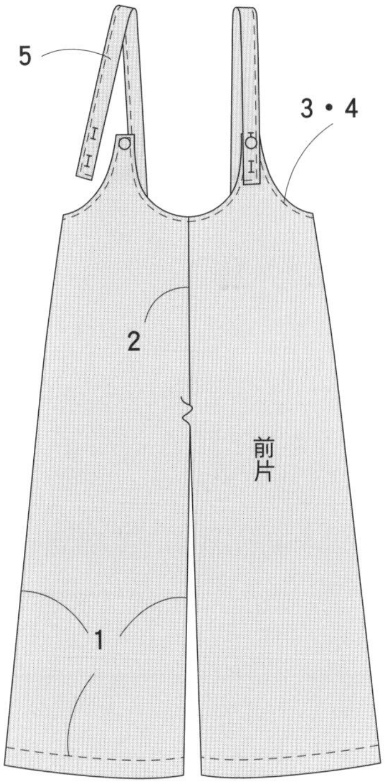

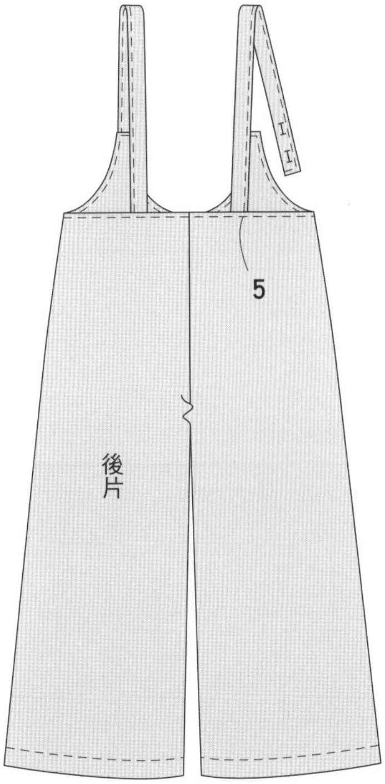

5
3・4
2
前片
1
5
後片

1 先縫合脇邊線、股下線，再縫合褲腳線部位。

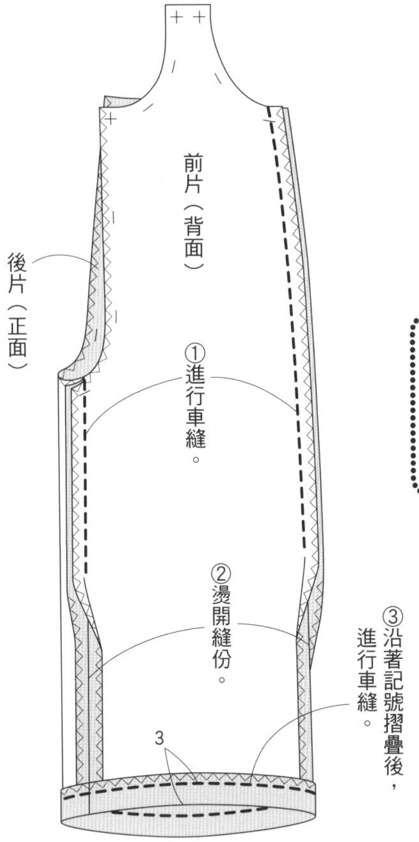

前片（背面）
後片（正面）
①進行車縫。
②燙開縫份。
③沿著記號摺疊後，進行車縫。
3

2 縫合褲襠線部位。

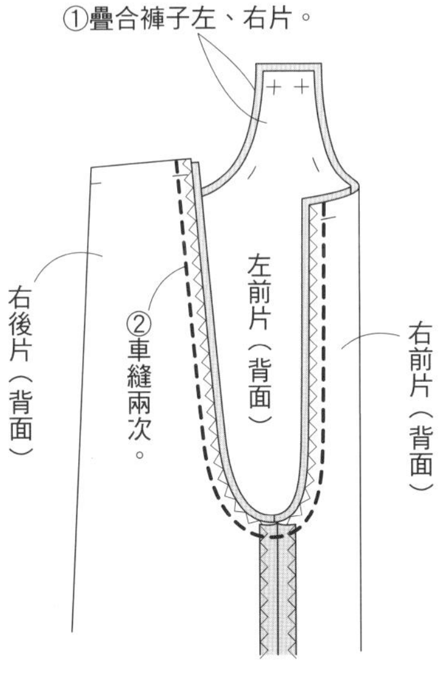

①疊合褲子左、右片。
右後片（背面）
②車縫兩次。
左前片（背面）
右前片（背面）

3 縫合貼邊的脇邊線部位。

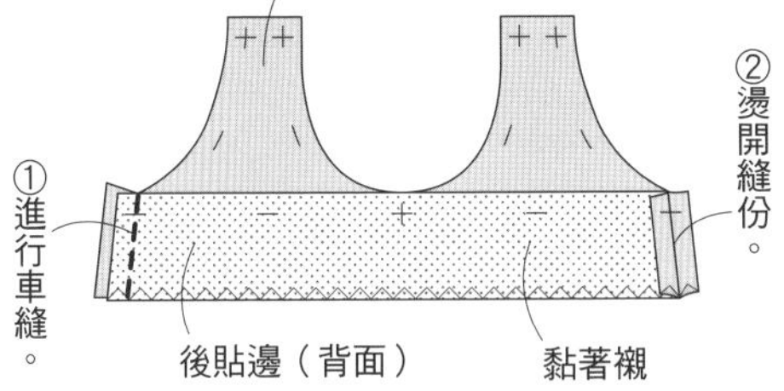

前貼邊（正面）
①進行車縫。
②燙開縫份。
後貼邊（背面）
黏著襯

4 接縫貼邊。進行縫釦。

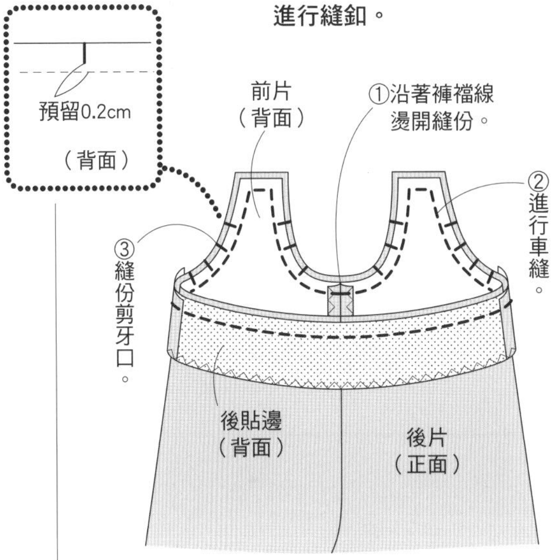

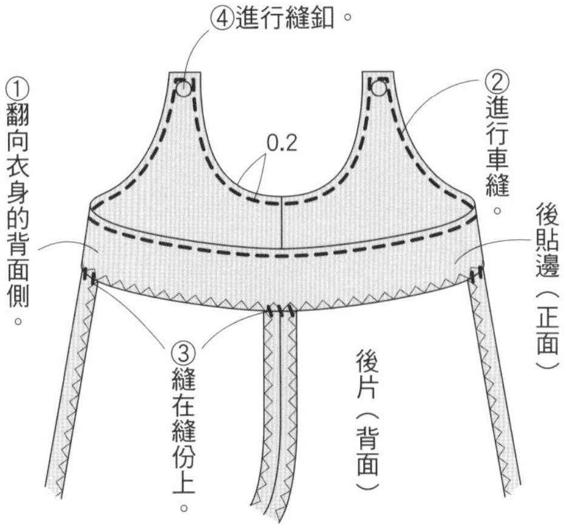

預留0.2cm
（背面）
前片（背面）
①沿著褲襠線燙開縫份。
②進行車縫。
③縫份剪牙口。
後貼邊（背面）
後片（正面）
④進行縫釦。
①翻向衣身的背面側。
0.2
②進行車縫。
後貼邊（正面）
③縫在縫份上。
後片（背面）

5 製作肩帶，進行接縫。

（請參照P.61）

完成

P.22 No. **16**

材料　　　　　　　　　　尺寸	S	M	L
表布（Soft Chino）　寬110cm	310cm	320cm	330cm
黏著襯（日本Viline FV-2N）　寬112cm	50cm	50cm	50cm
完成尺寸　前長	117cm	120cm	123cm

原寸紙型　A面2

◆使用部位…（衣身）前片／（衣身）後片／前貼邊／後貼邊

＊裙子前片・後片為直線部位，直接在布料上作記號後進行裁剪。

◆紙型的變更方法

＊衣身前中心下方加長2cm，重新描畫曲線至脇邊線為止。

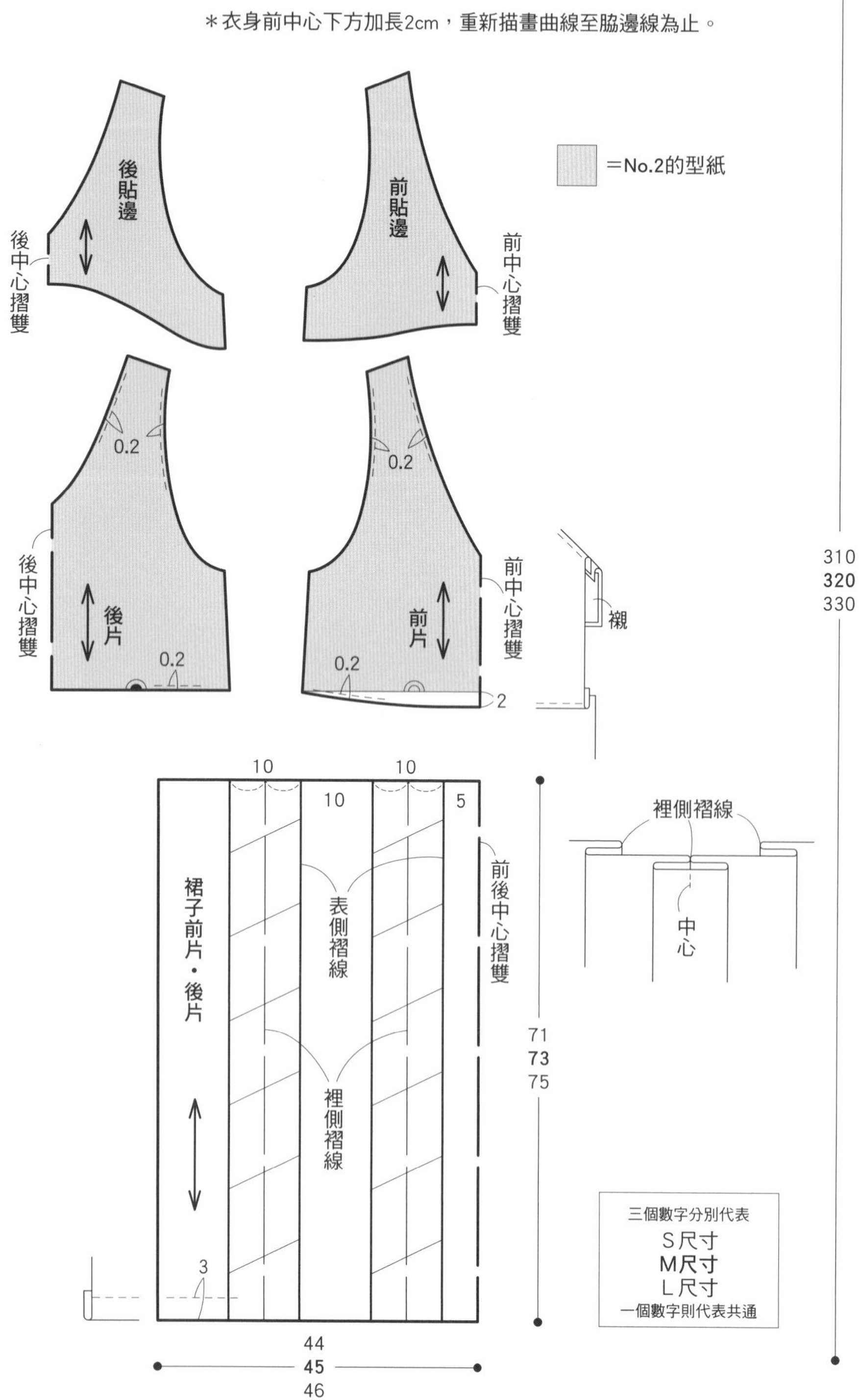

=No.2的型紙
後貼邊
前貼邊
後中心摺雙
前中心摺雙
0.2
後片
前片
2
襯
10
10
10
5
裙子前片・後片
表側褶線
裡側褶線
前後中心摺雙
3
71
73
75
44
45
46
裡側褶線
中心
三個數字分別代表
S尺寸
M尺寸
L尺寸
一個數字則代表共通

表布裁布圖

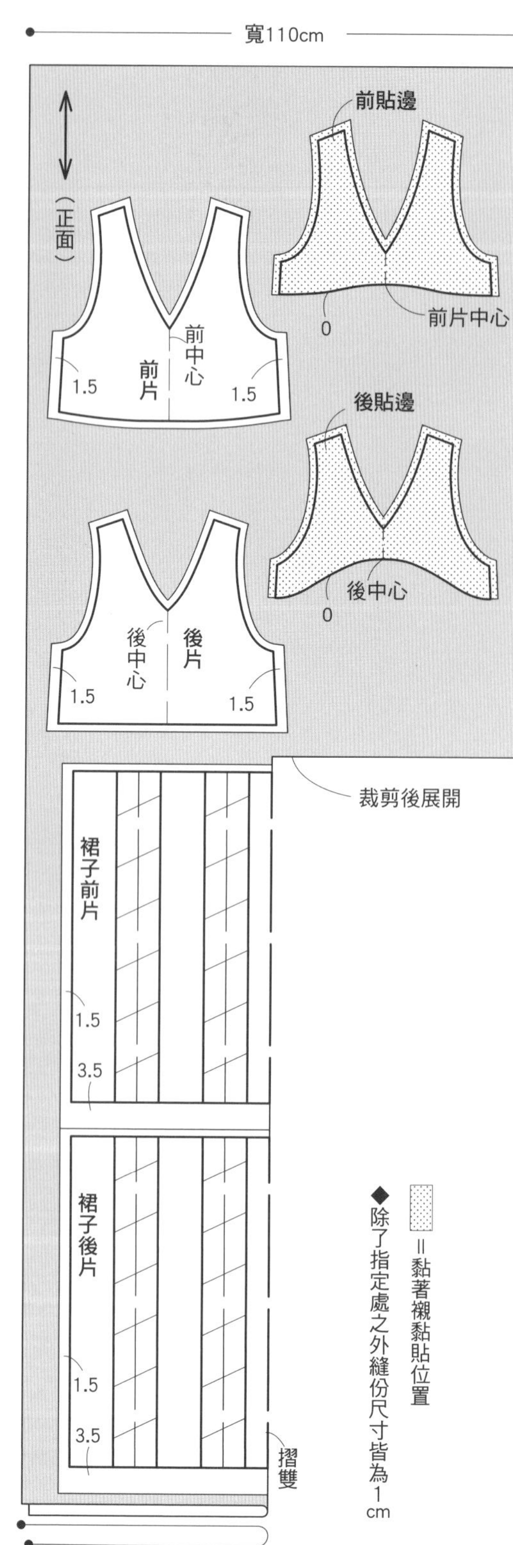

寬110cm
(正面)
前貼邊
前片中心
0
前中心
前片
1.5
後貼邊
後中心
後片
310
320
330
裁剪後展開
裙子前片
裙子後片
3.5
摺雙
=黏著襯黏貼位置
◆除了指定處之外縫份尺寸皆為1cm

作法 ◆準備◆①黏貼黏著襯（貼邊）。
②裁布端進行Z字形車縫。（貼邊、衣身脇邊線、裙子脇邊線、下襬）

作法順序

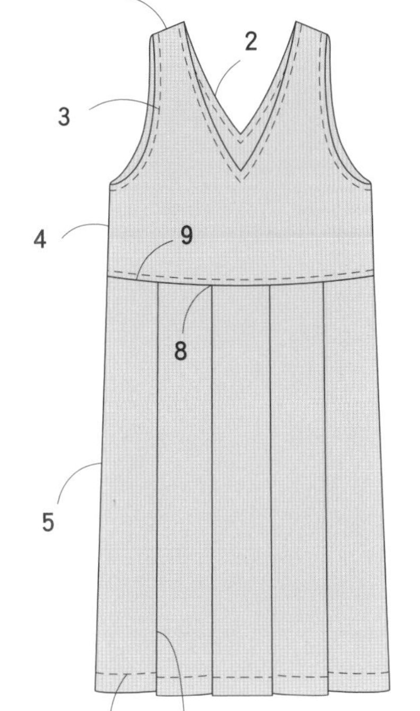

1
2
3
4
9
8
5
5
6・7

1 縫合衣身、裡側貼邊的肩線部分。

2 縫合領口。

3 縫合袖襱。

4 縫合衣身的脇邊線部分，處理領口、袖襱。

◆ 1 至 4 作法請參照P.48、P49。

5 先縫合裙子的脇邊線，再縫合下襬線部位。

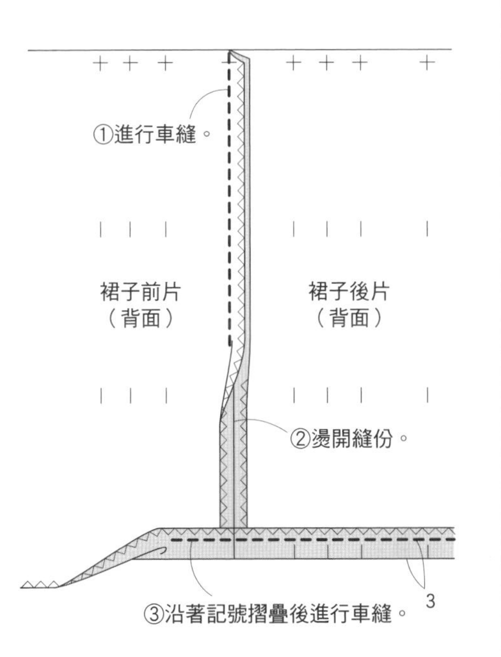

①進行車縫。
裙子前片
（背面）
裙子後片
（背面）
②燙開縫份。
③沿著記號摺疊後進行車縫。
3

6 摺疊表側褶線。

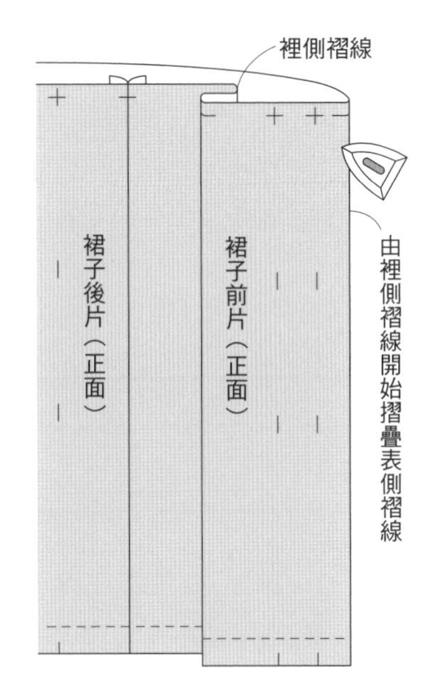

裡側褶線
裙子後片（正面）
裙子前片（正面）
由裡側褶線開始摺疊表側褶線

7 縫合裡側褶線。

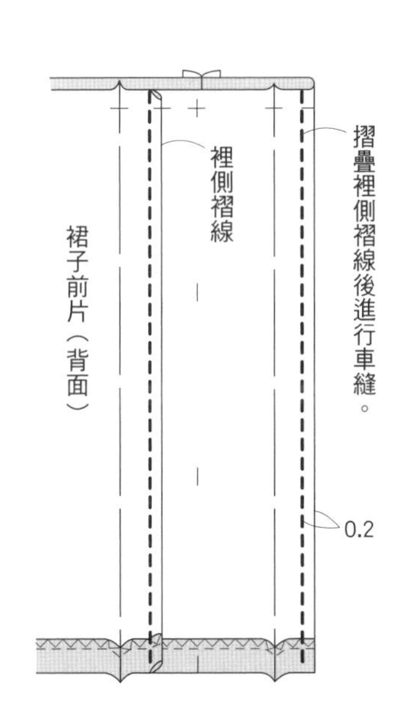

裡側褶線
裙子前片（背面）
摺疊裡側褶線後進行車縫。
0.2

8 摺疊褶襉後縫合固定。

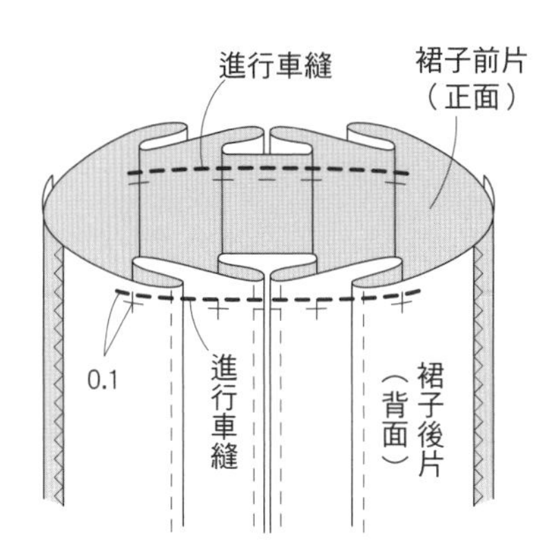

進行車縫
裙子前片
（正面）
0.1
進行車縫
裙子後片
（背面）

9 縫合衣身＆裙子。

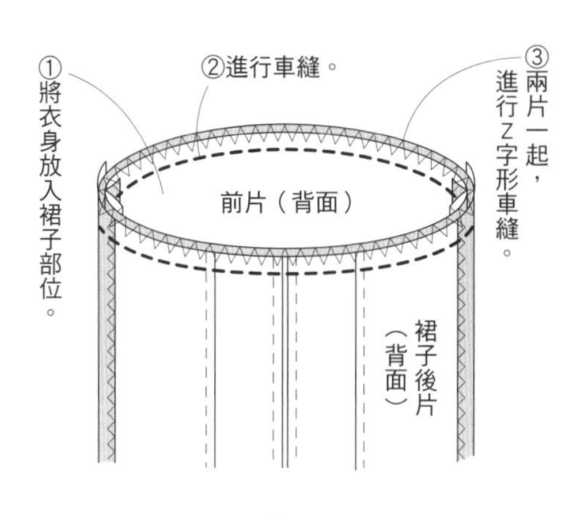

①將衣身放入裙子部位。
②進行車縫。
③兩片一起，進行Z字形車縫。
前片（背面）
裙子後片
（背面）

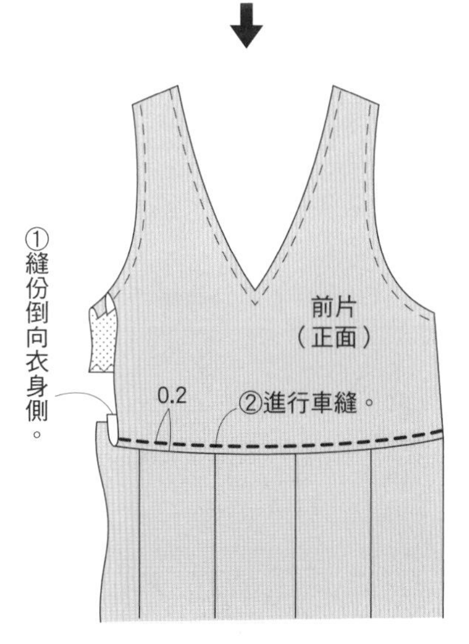

①縫份倒向衣身側。
前片
（正面）
0.2
②進行車縫。

完成

P.24 No.17

材料　尺寸		S	M	L
表布（法國亞麻布）	寬130cm	320cm	330cm	340cm
黏著襯（日本Viline FV-2N）	寬112cm	100cm	100cm	100cm
鈕釦	直徑1.3cm	4個	4個	4個
鬆緊帶	寬3cm	40cm	40cm	40cm
完成尺寸	前長（不含肩帶部分）	81.5cm	83.5cm	85.5cm

◆除了指定處之外縫份尺寸皆為1cm

▒＝黏著襯黏貼位置

原寸紙型　A面17

◆使用部位…肩帶／口袋布

＊裙子前片、裙子後片、腰頭為直線部位，直接在布料上作記號後進行裁剪。

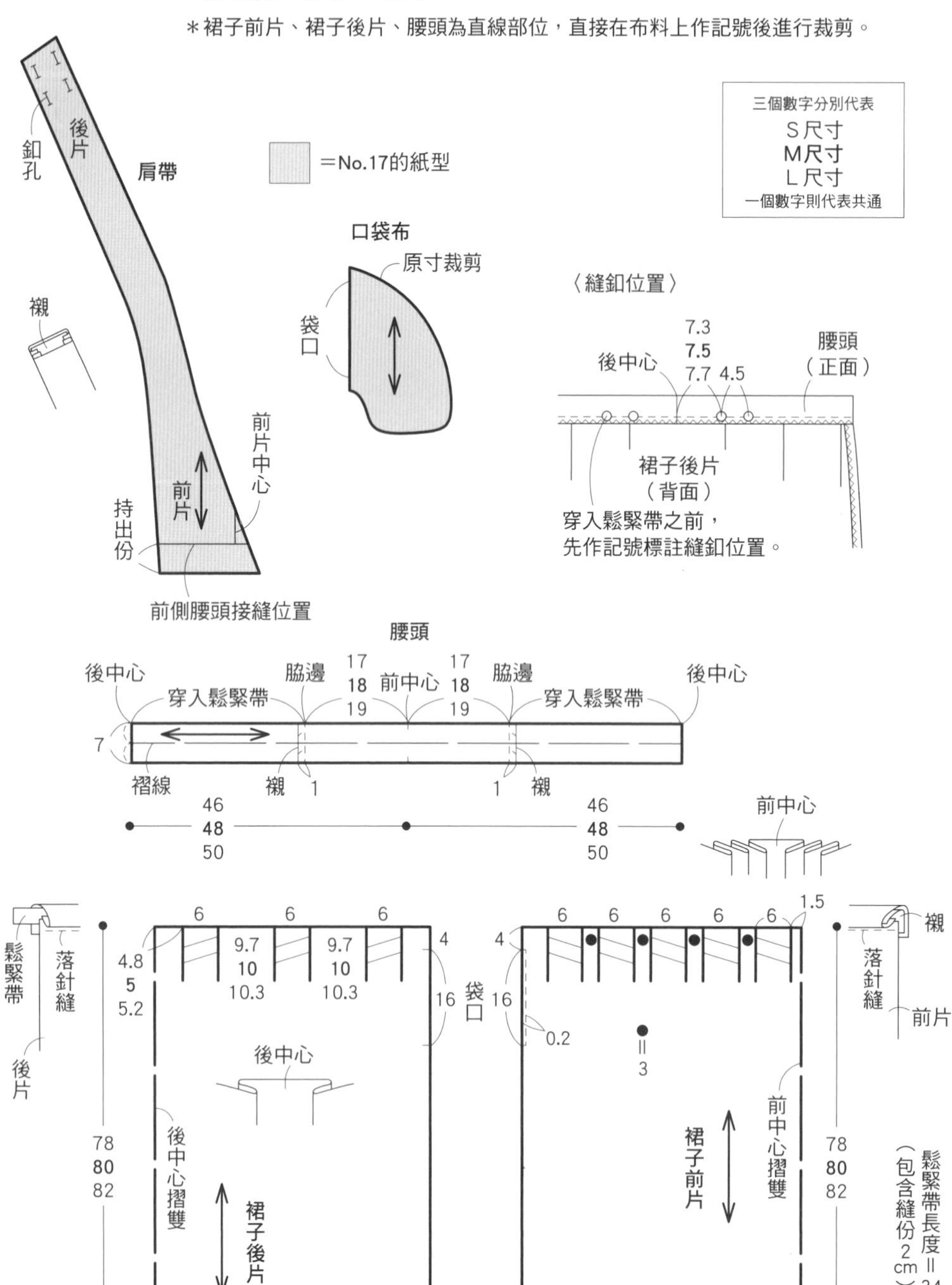

後片
釦孔
肩帶
襯
前片中心
前片
持出份
前側腰頭接縫位置
＝No.17的紙型
口袋布
原寸裁剪
袋口
三個數字分別代表
S尺寸
M尺寸
L尺寸
一個數字則代表共通
〈縫釦位置〉
7.3
7.5
7.7
4.5
後中心
腰頭
（正面）
裙子後片
（背面）
穿入鬆緊帶之前，
先作記號標註縫釦位置。
腰頭
後中心
穿入鬆緊帶
脇邊
17
18
19
前中心
7
摺線
襯
1
46
48
50
鬆緊帶
落針縫
後片
4.8
5
5.2
6
9.7
10
10.3
4
16
袋口
後中心
後中心摺雙
裙子後片
78
80
82
47
48
49
2.8
0.2
3
裙子前片
前中心摺雙
1.5
前片
鬆緊帶長度＝34 36 38
（包含縫份2cm）

表布裁布圖

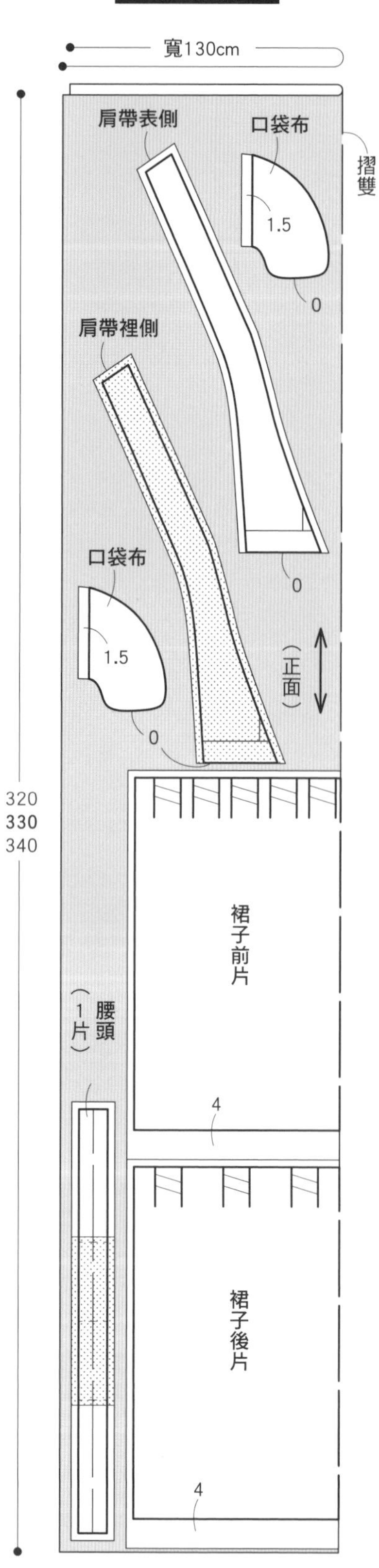

寬130cm
肩帶表側
口袋布
1.5
0
摺雙
肩帶裡側
（正面）
320
330
340
裙子前片
腰頭（1片）
4
裙子後片

作法 ◆準備◆①黏貼黏著襯。（肩帶裡側、腰帶）
②裁布端進行Z字形車縫。（脇邊線、口袋布）

作法順序

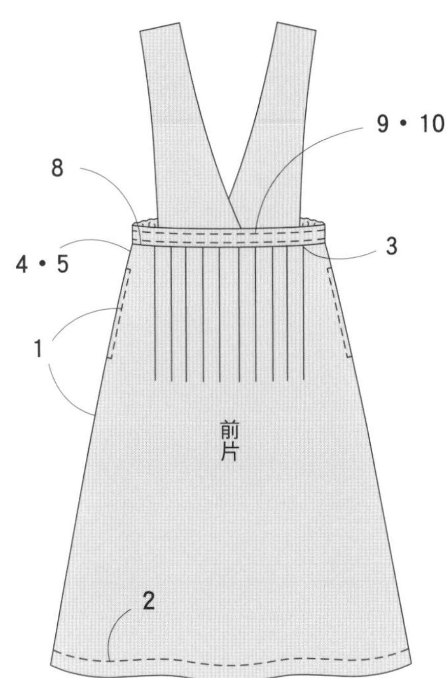
9・10
8
3
4・5
1
前片
2

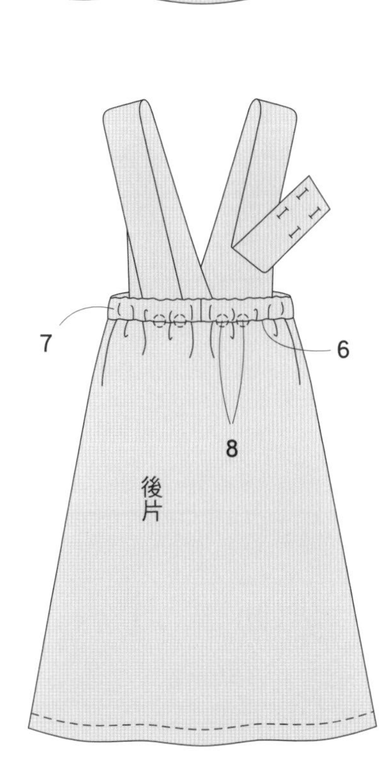
7
6
8
後片

1 縫合脇邊線部位，製作口袋。
（請參照P.36、P.37）

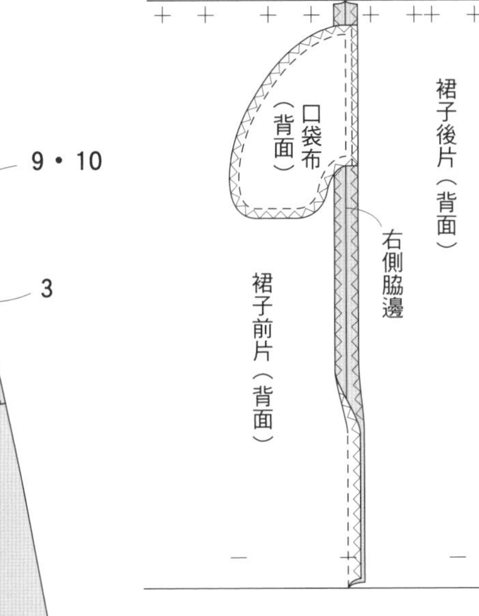
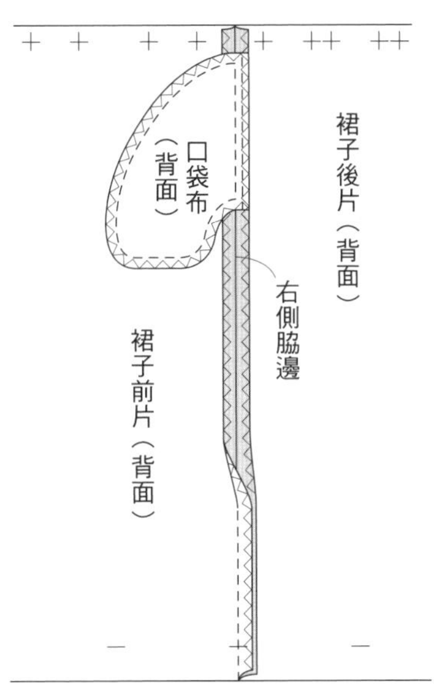
口袋布（背面）
裙子後片（背面）
右側脇邊
裙子前片（背面）

2 縫合下襬線部位。

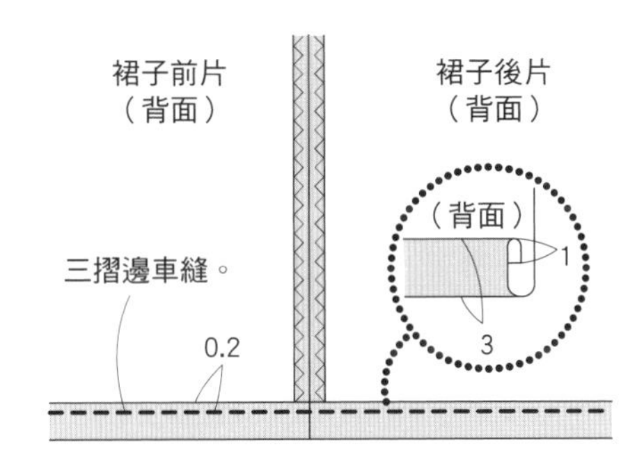
裙子前片（背面）
裙子後片（背面）
（背面）
1
3
三摺邊車縫。
0.2

3 摺疊褶襇後縫合固定。

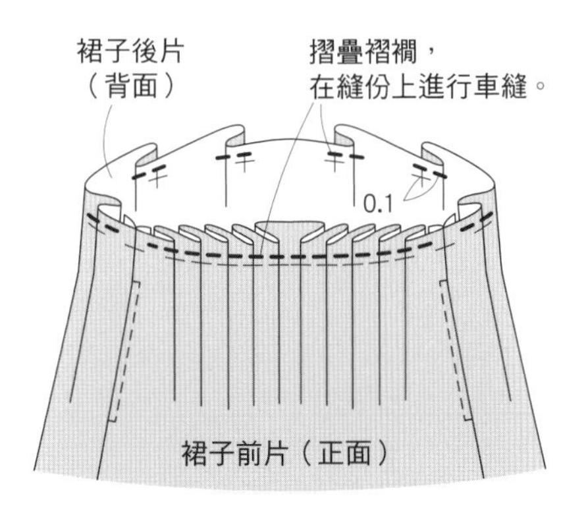
裙子後片（背面）
摺疊褶襇，在縫份上進行車縫。
0.1
裙子前片（正面）

4 製作腰頭。
（請參照P.45）

5 接縫腰頭。
（請參照P.45）

6 縫合固定後片腰頭，作記號標註縫釦位置
（請參照P.66）

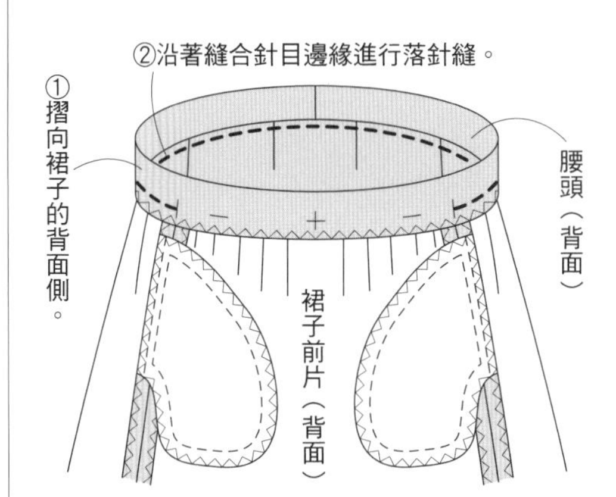
②沿著縫合針目邊緣進行落針縫。
①摺向裙子的背面側。
腰頭（背面）
裙子前片（背面）

7 穿入鬆緊帶。

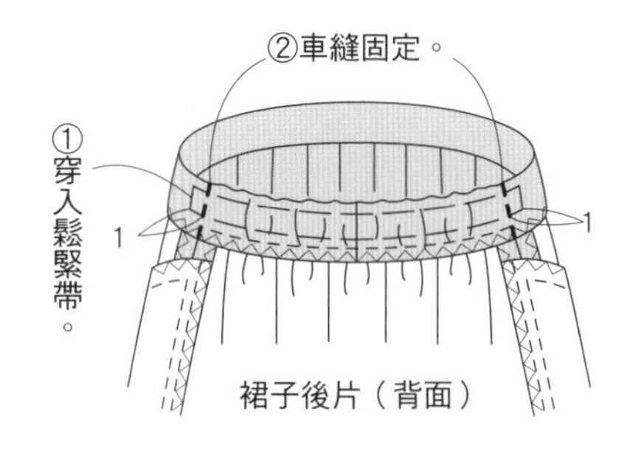
②車縫固定。
①穿入鬆緊帶。
1
1
裙子後片（背面）

8 縫合固定前片腰頭，後片腰頭進行縫釦。

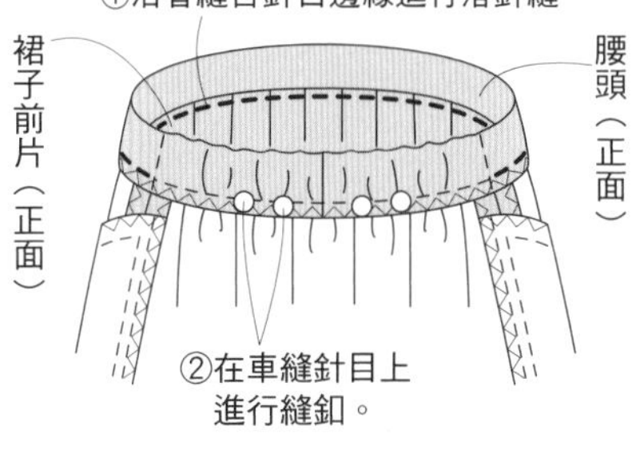
①沿著縫合針目邊緣進行落針縫。
裙子前片（正面）
腰頭（正面）
②在車縫針目上進行縫釦。

9 製作肩帶。（請參照P.46）

10 接縫肩帶。（請參照P.46）

完成

P.25 No.18

材料 尺寸	S	M	L
表布（Hickory Stripe） 寬110cm	270cm	280cm	290cm
鈕釦 直徑1.3cm	2顆	2顆	2顆
完成尺寸 前長（不含肩帶部分）	99.3cm	102cm	104.7cm

三個數字分別代表
S尺寸
M尺寸
L尺寸
一個數字則代表共通

原寸紙型 B面18

◆**使用部位**…前片／後片／裙子前片／裙子後片／口袋

＊肩帶為直線部位，直接在布料上作記號後進行裁剪。

◆除了指定處之外縫份尺寸皆為1cm

肩帶 4 64 65 66 褶線

釦孔 3.5 後片 6 2

=No.18的型紙

口袋 袋口 1 0.2

後片 鈕釦（背面） 0.2 0.2 後中心摺雙

肩帶接縫位置 前片 0.2 前中心摺雙

後中心摺雙 裙子後片 2.8

袋口 口袋接縫位置 前中心摺雙 裙子前片 2.8

作法順序

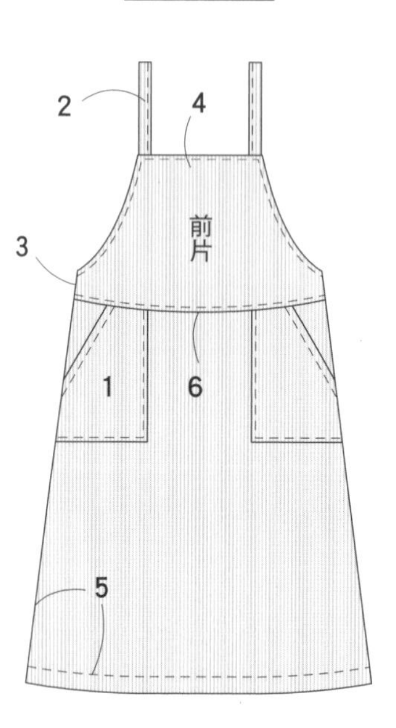

2
4
前片
3
1
6
5

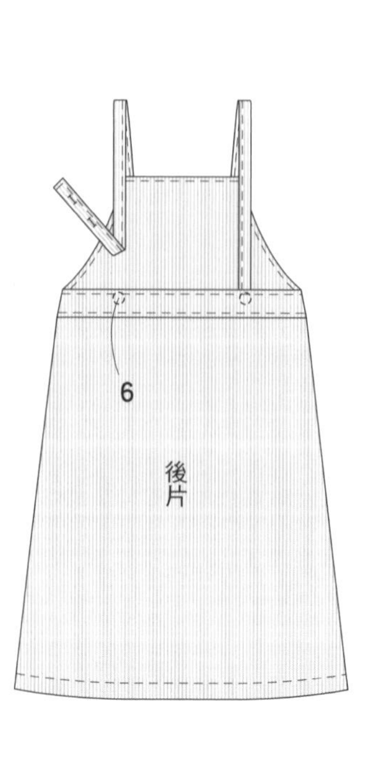

6
後片

表布裁布圖

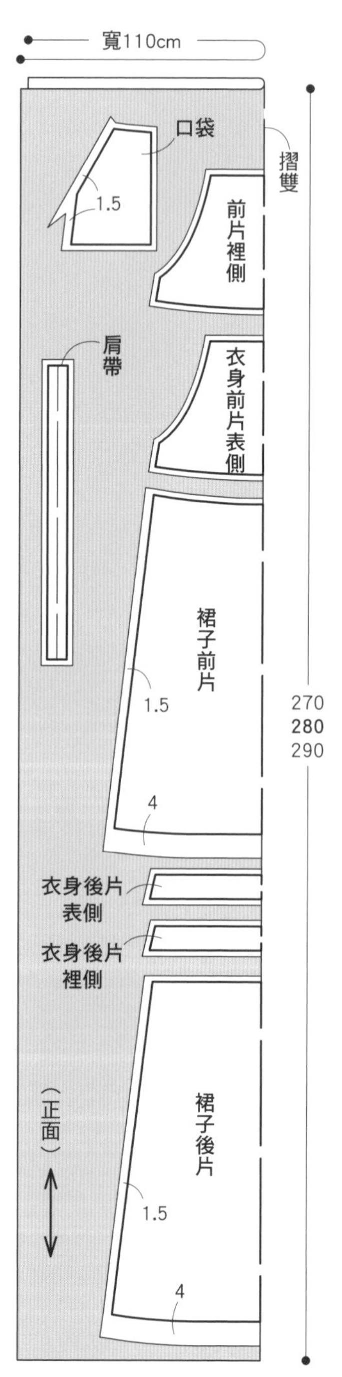

寬110cm
口袋
1.5
前片裡側
摺雙
肩帶
衣身前片表側
裙子前片
1.5
4
270
280
290
衣身後片表側
衣身後片裡側
（正面）
裙子後片
1.5
4

作法

◆準備◆裁布端進行Z字形車縫。
（袋口、衣身裡側的腰線、裙子的脇邊線）

1 製作口袋後進行接縫。

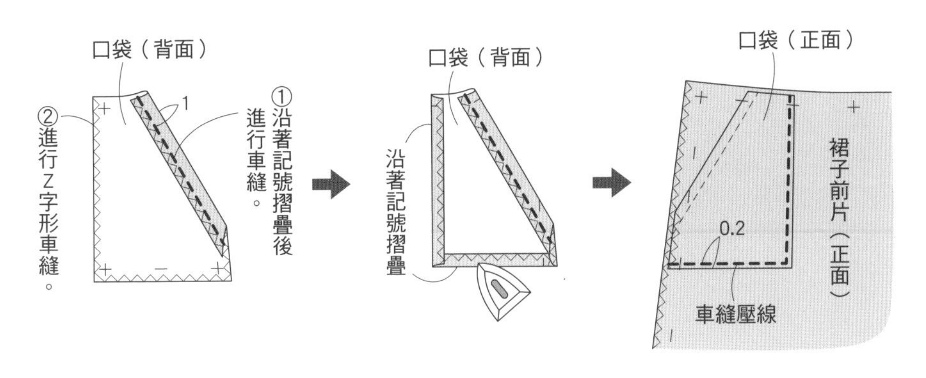

口袋（背面）
②進行Z字形車縫。
①沿著記號摺疊後進行車縫。
1
口袋（背面）
沿著記號摺疊
口袋（正面）
裙子前片（正面）
0.2
車縫壓線

2 製作肩帶。

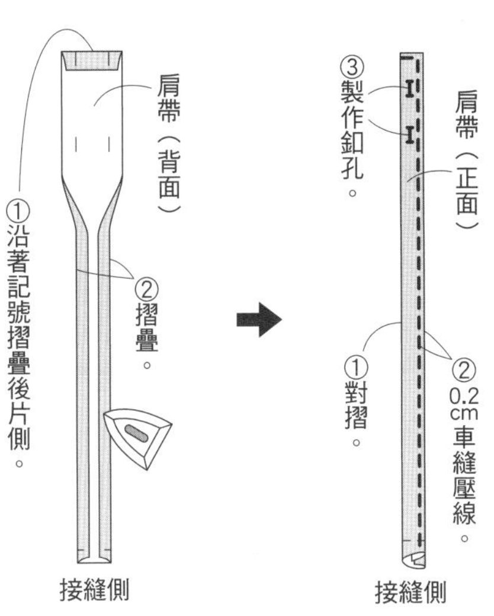

肩帶（背面）
①沿著記號摺疊後片側。
②摺疊。
接縫側
③製作釦孔。
肩帶（正面）
①對摺。
②0.2cm車縫壓線。
接縫側

3 縫合衣身的脇邊線部位。

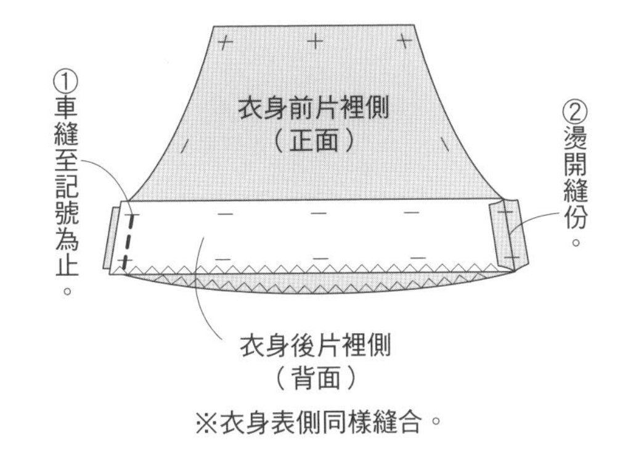

①車縫至記號為止。
衣身前片裡側（正面）
②燙開縫份。
衣身後片裡側（背面）

※衣身表側同樣縫合。

4 縫合衣身表側＆衣身裡側。

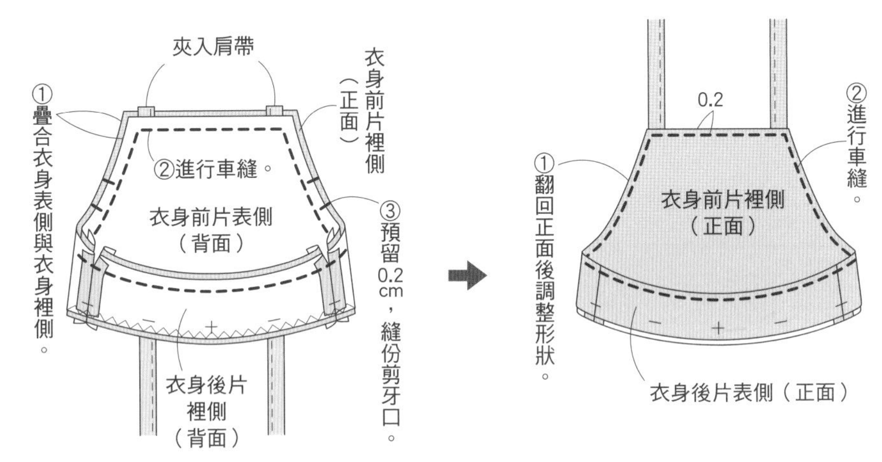

夾入肩帶
衣身前片裡側（正面）
①疊合衣身表側與衣身裡側。
②進行車縫。
衣身前片表側（背面）
③預留0.2cm，縫份剪牙口。
衣身後片裡側（背面）
0.2
②進行車縫。
①翻回正面後調整形狀。
衣身前片裡側（正面）
衣身後片表側（正面）

5 先縫合裙子的脇邊線，再縫合下襬線部位。

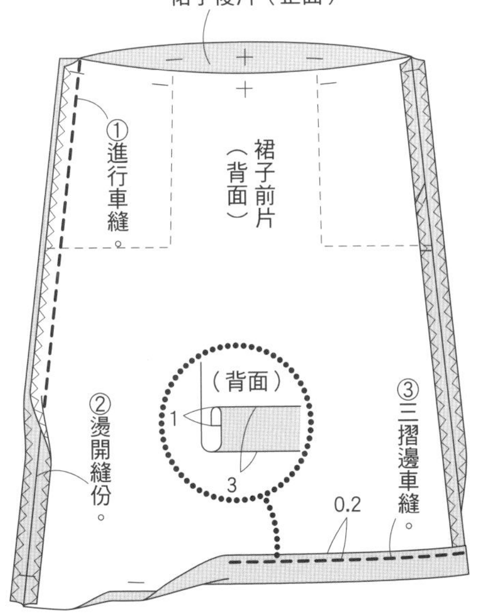

裙子後片（正面）
①進行車縫。
裙子前片（背面）
（背面）
1
3
②燙開縫份。
③三摺邊車縫。
0.2

6 縫合衣身＆裙子。

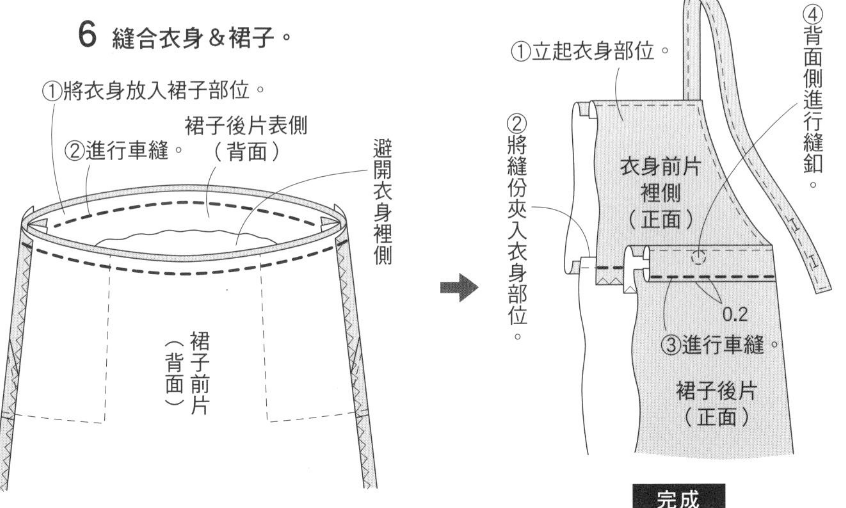

①將衣身放入裙子部位。
②進行車縫。
裙子後片表側（背面）
避開衣身裡側
裙子前片（背面）
①立起衣身部位。
②將縫份夾入衣身部位。
衣身前片裡側（正面）
④背面側進行縫釦。
0.2
③進行車縫。
裙子後片（正面）

完成

P.26 No.19

材料 尺寸		S	M	L
表布（8盎司丹寧）	寬110cm	210cm	220cm	230cm
黏著襯（日本Viline FV-2N）	寬112cm	50cm	50cm	50cm
鈕釦	直徑1.3cm	4顆	4顆	4顆
鬆緊帶	寬3cm	40cm	40cm	40cm
完成尺寸	前長（不含肩帶部分）	83cm	85cm	87cm

原寸紙型 B面19

◆**使用部位**…裙子前片／裙子後片／腰頭

＊肩帶為直線部位，直接在布料上作記號後進行裁剪。

三個數字分別代表
S尺寸
M尺寸
L尺寸
一個數字則代表共通

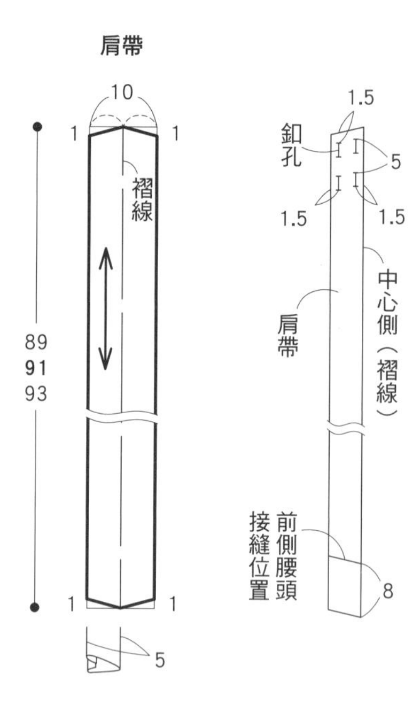

肩帶
10
1
1
褶線
89
91
93
1
1
5
1.5
釦孔
5
1.5
1.5
中心側（褶線）
肩帶
前側腰頭接縫位置
8

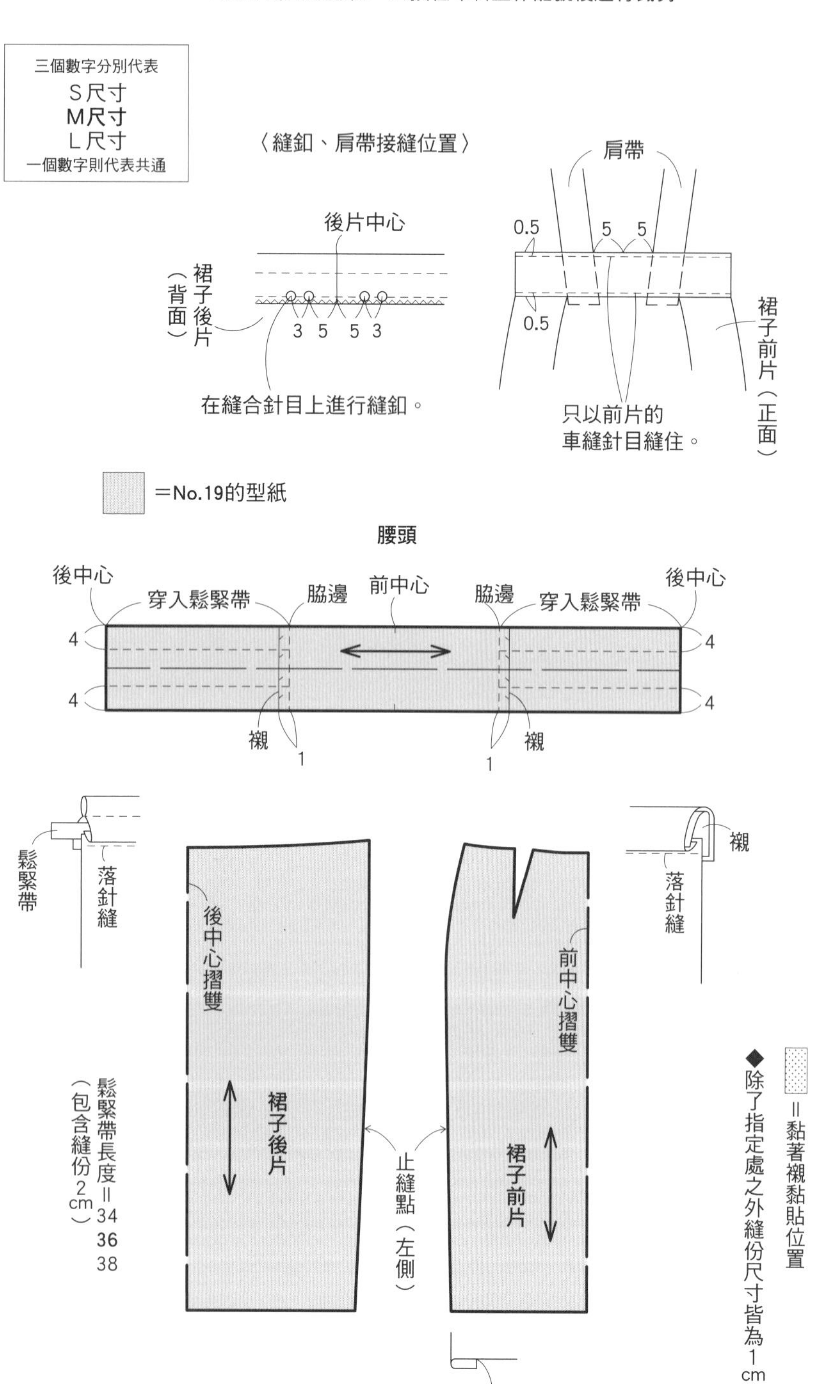

〈縫釦、肩帶接縫位置〉
後片中心
裙子後片（背面）
3 5 5 3
在縫合針目上進行縫釦。
肩帶
0.5
5 5
0.5
裙子前片（正面）
只以前片的
車縫針目縫住。
＝No.19的型紙
腰頭
後中心
穿入鬆緊帶
脇邊
前中心
脇邊
穿入鬆緊帶
後中心
4
4
4
4
襯
1
1
襯
鬆緊帶
落針縫
後中心摺雙
裙子後片
鬆緊帶長度＝34 36 38（包含縫份2cm）
止縫點（左側）
前中心摺雙
裙子前片
襯
落針縫
藏針縫

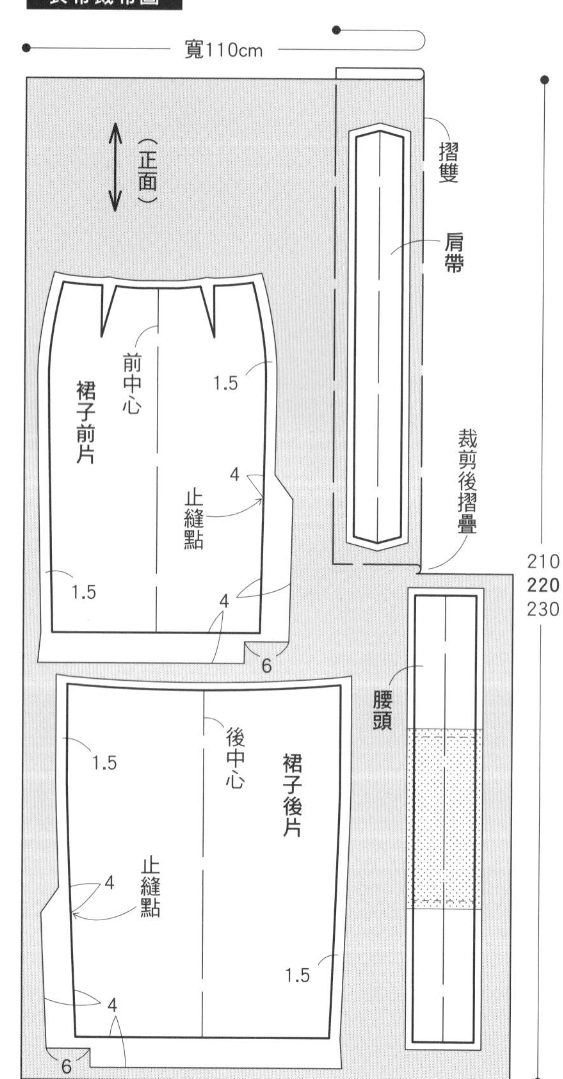

表布裁布圖
寬110cm
（正面）
摺雙
肩帶
裁剪後摺疊
前中心
裙子前片
1.5
4
止縫點
1.5
4
6
210
220
230
後中心
裙子後片
1.5
腰頭
4
止縫點
1.5
4
6
＝黏著襯黏貼位置
◆除了指定處之外縫份尺寸皆為1cm

作法 ◆準備◆①黏貼黏著襯（腰頭）。 ②裁布端進行Z字形車縫。（脇邊線、下襬線）。

作法順序

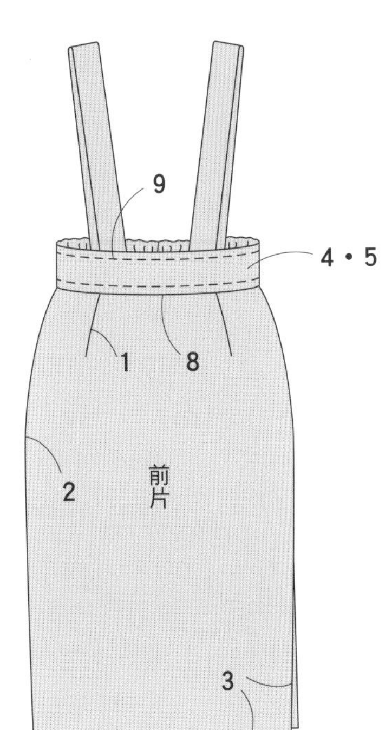

9
4・5
1
8
2
前片
3

9
6・7
8
後片

1 車縫尖褶。

◆ 1 至 3 作法請參照P.73。

2 縫合脇邊線部位。

3 縫合開叉處、下襬線部位。

4 製作腰頭。

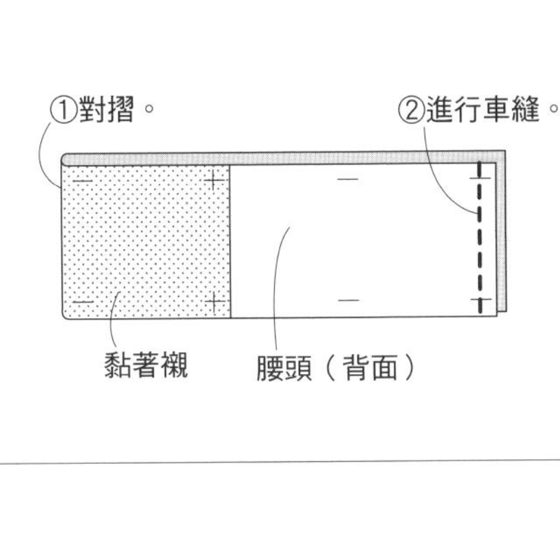

①對摺。
②進行車縫。
黏著襯
腰頭（背面）

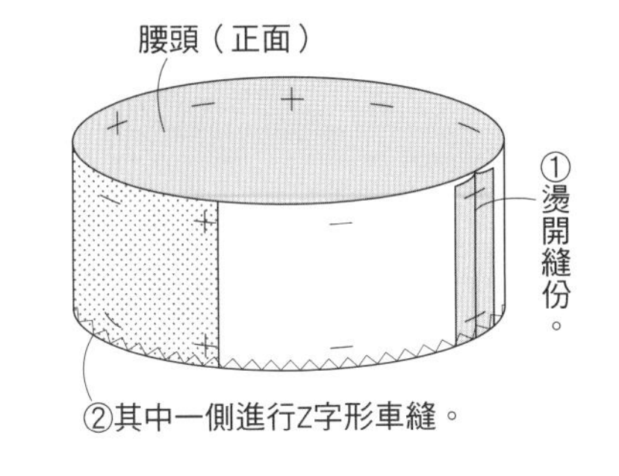

腰頭（正面）
①燙開縫份。
②其中一側進行Z字形車縫。

5 接縫腰頭。

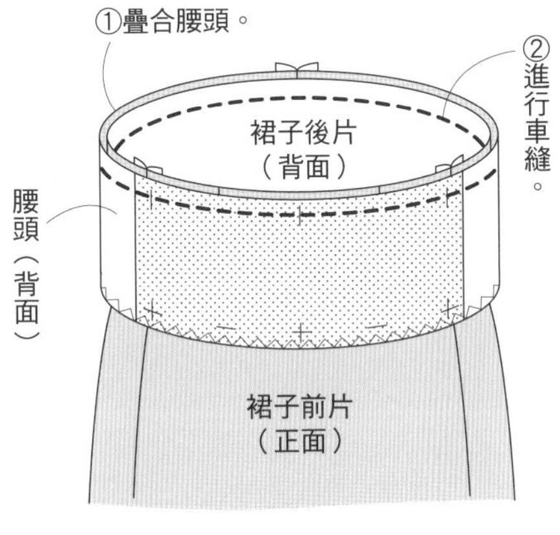

①疊合腰頭。
②進行車縫。
裙子後片
（背面）
腰頭（背面）
裙子前片
（正面）

6 縫合固定後片腰頭，作記號標註縫釦位置

（請參照P.70）。

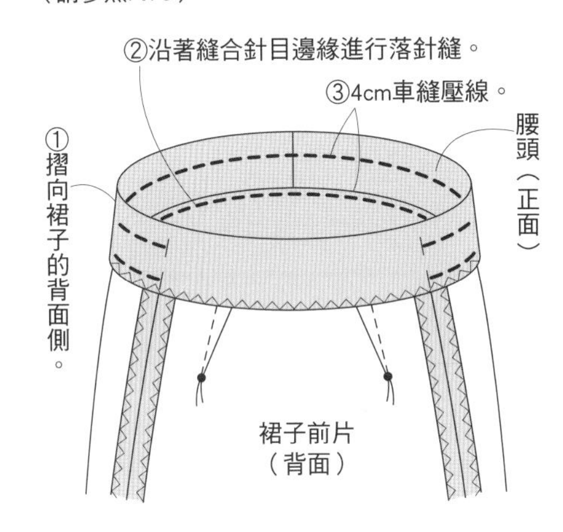

②沿著縫合針目邊緣進行落針縫。
③4cm車縫壓線。
①摺向裙子的背面側。
腰頭（正面）
裙子前片
（背面）

7 穿入鬆緊帶。

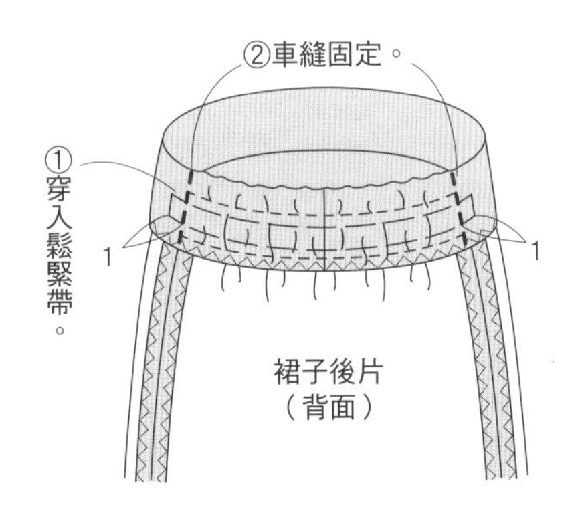

②車縫固定。
①穿入鬆緊帶。
1
1
裙子後片
（背面）

8 縫合固定前片腰頭，後片腰頭進行縫釦。

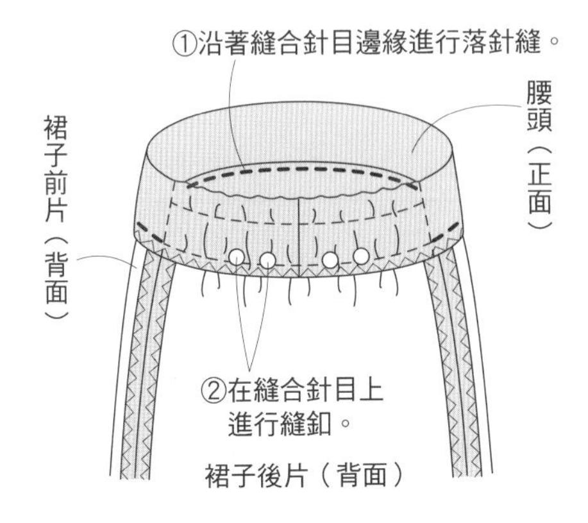

①沿著縫合針目邊緣進行落針縫。
腰頭（正面）
裙子前片（背面）
②在縫合針目上
進行縫釦。
裙子後片（背面）

9 製作肩帶後縫合固定（請參照P.43）。

完成

P.27 No.20

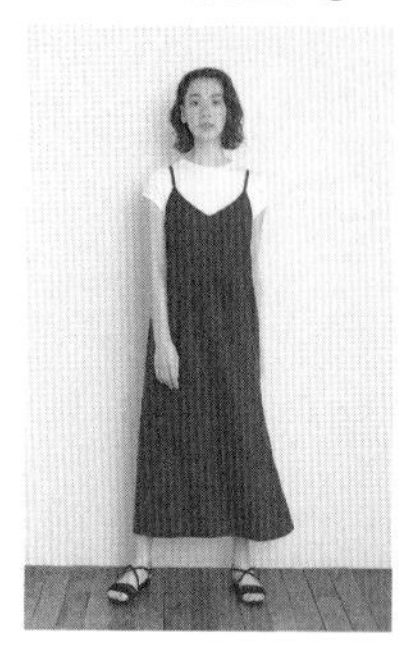

材料 尺寸		S	M	L
表布（Powder poplin）	寬138cm	190cm	190cm	200cm
圓環	內徑1cm	2顆	2顆	2顆
8形環	內尺寸1cm	2顆	2顆	2顆
完成尺寸	前長（不含肩帶部分）	107.8cm	111cm	114.2cm

原寸紙型　A面20／B面21

◆**使用部位**…A面20：裙子前片・後片

B面21：前片／後片

＊肩帶為直線部位，直接在布料上作記號後進行裁剪。

三個數字分別代表
S尺寸
M尺寸
L尺寸
一個數字則代表共通

作法順序

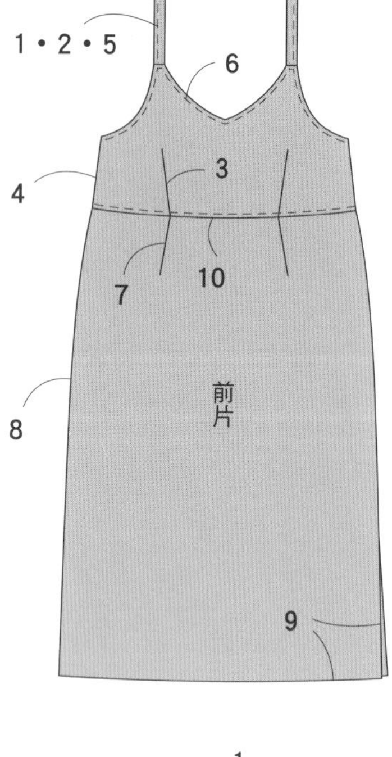

1・2・5
6
3
4
7
10
8
前片
9

＝No.21的型紙

◆除了指定處之外縫份尺寸皆為 1 cm。

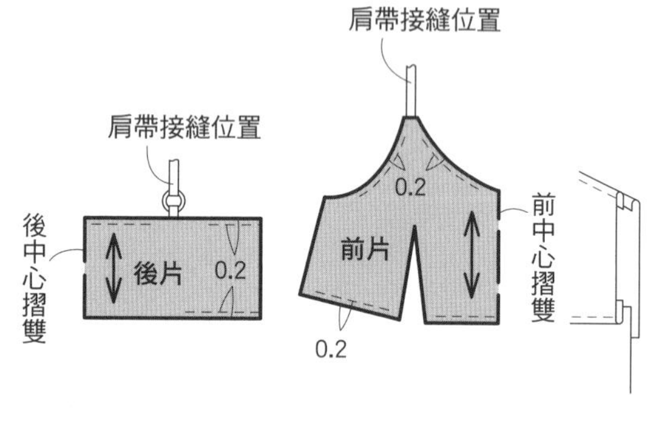

肩帶接縫位置
後中心摺雙
後片
0.2
肩帶接縫位置
0.2
前片
前中心摺雙
0.2

表布裁布圖

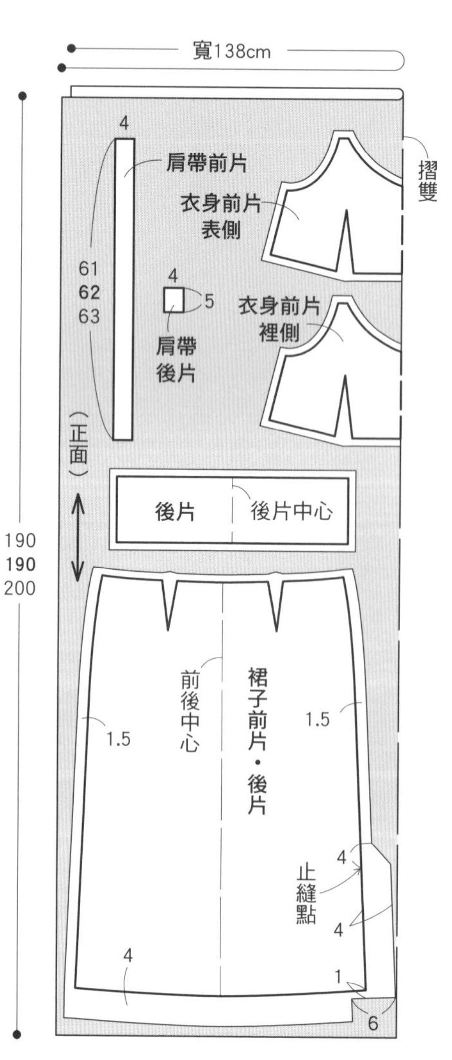

寬138cm
4
肩帶前片
衣身前片
表側
摺雙
61
62
63
4
5
肩帶後片
衣身前片
裡側
（正面）
後片
後片中心
190
190
200
前後中心
裙子前片・後片
1.5
1.5
4
止縫點
4
4
1
6

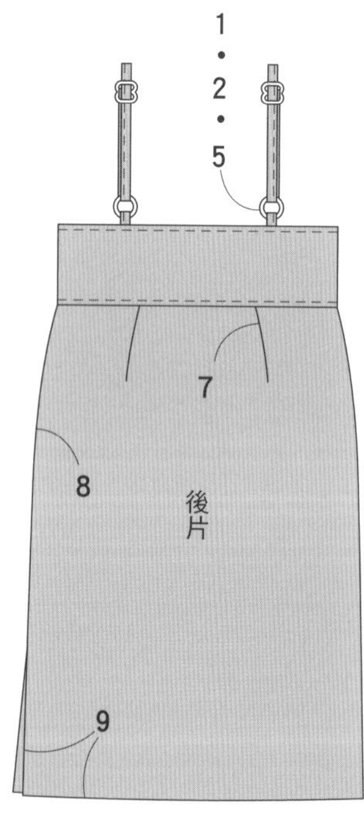

1
・
2
・
5
7
8
後片
9

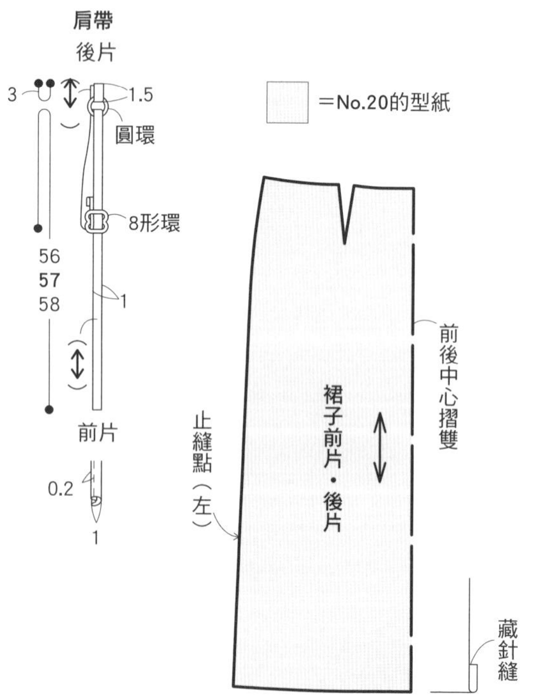

肩帶
後片
3
1.5
圓環
8形環
56
57
58
1
前片
0.2
1
＝No.20的型紙
前後中心摺雙
裙子前片・後片
止縫點（左）
藏針縫

作法 ◆準備◆
裁布端進行Z字形車縫。
（裙子的脇邊線、下襬線）

1 製作肩帶。

2 肩帶套入8形環、圓環。

3 車縫衣身的尖褶。

4 縫合衣身表側、衣身裡側的脇邊線部位。

5 將肩帶縫合固定於衣身表側。

6 縫合衣身表側＆衣身裡側。

◆1至6作法請參照P.75、P.76。

7 車縫裙子的尖褶。（裙子後片同樣縫合）

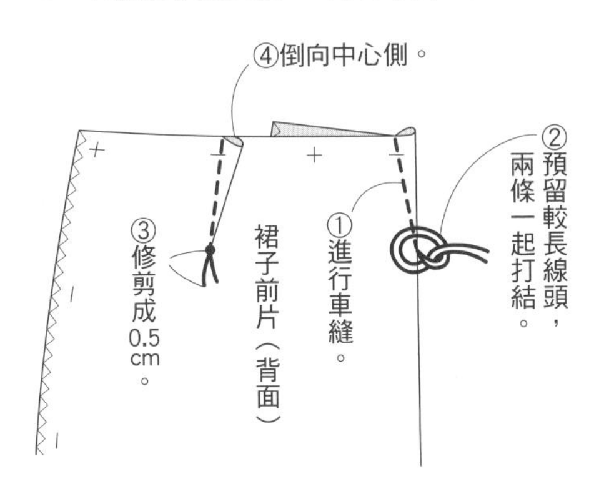
④倒向中心側。
②預留較長線頭，兩條一起打結。
③修剪成0.5cm。
裙子前片（背面）
①進行車縫。

8 縫合裙子的脇邊線部位。

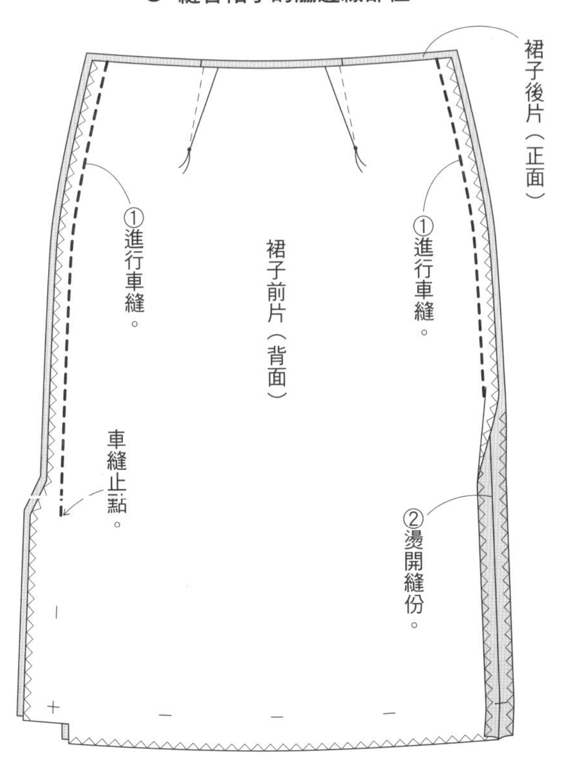
裙子後片（正面）
①進行車縫。
裙子前片（背面）
①進行車縫。
車縫止點。
②燙開縫份。

9 縫合開叉處、下襬線部位。

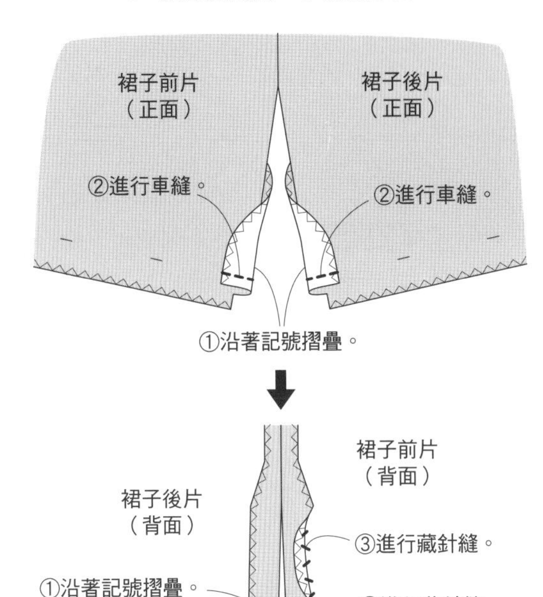
裙子前片（正面）
裙子後片（正面）
②進行車縫。
②進行車縫。
①沿著記號摺疊。
裙子前片（背面）
裙子後片（背面）
③進行藏針縫。
①沿著記號摺疊。
②進行藏針縫。

10 縫合衣身＆裙子。

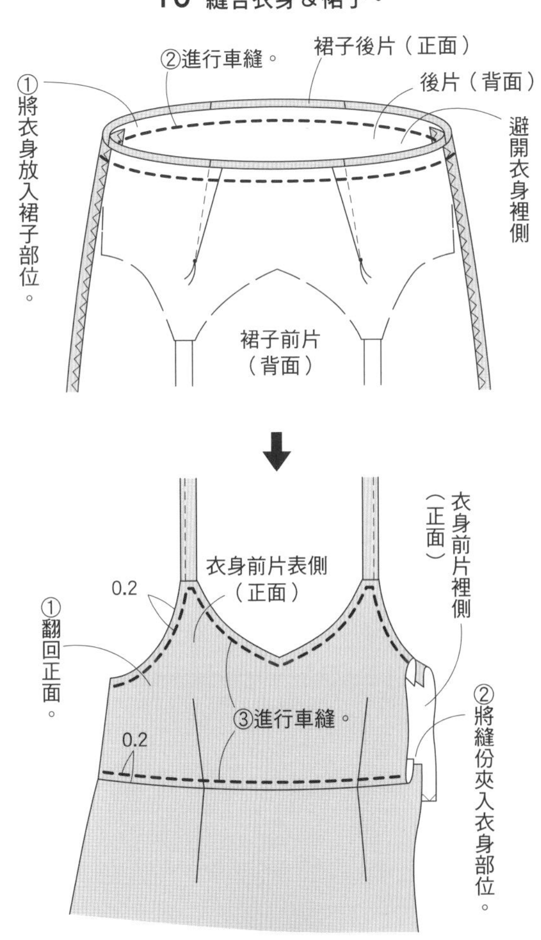
①將衣身放入裙子部位。
②進行車縫。
裙子後片（正面）
後片（背面）
避開衣身裡側
裙子前片（背面）
衣身前片裡側（正面）
衣身前片表側（正面）
0.2
①翻回正面。
③進行車縫。
0.2
②將縫份夾入衣身部位。

完成

P.28 No.21

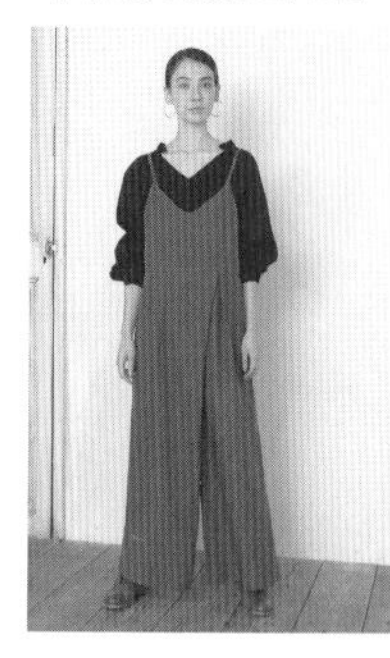

材料　　　　　　　　　　尺寸	S	M	L
表布（聚酯纖維）　寬144cm	270cm	280cm	290cm
圓環　內徑1cm	2顆	2顆	2顆
8形環　內寸1cm	2顆	2顆	2顆
完成尺寸　前長（不含肩帶部分）	116.3cm	121cm	125.7cm

原寸紙型　A面1／B面21

◆**使用部位**…B面21：前片／後片／褲子右前片

A面1：褲子前片／褲子後片

＊肩帶為直線部位，直接在布料上作記號後進行裁剪。

◆**紙型的變更方法**

＊製作褲子左前片時，將No.1褲子前片紙型翻轉後使用。

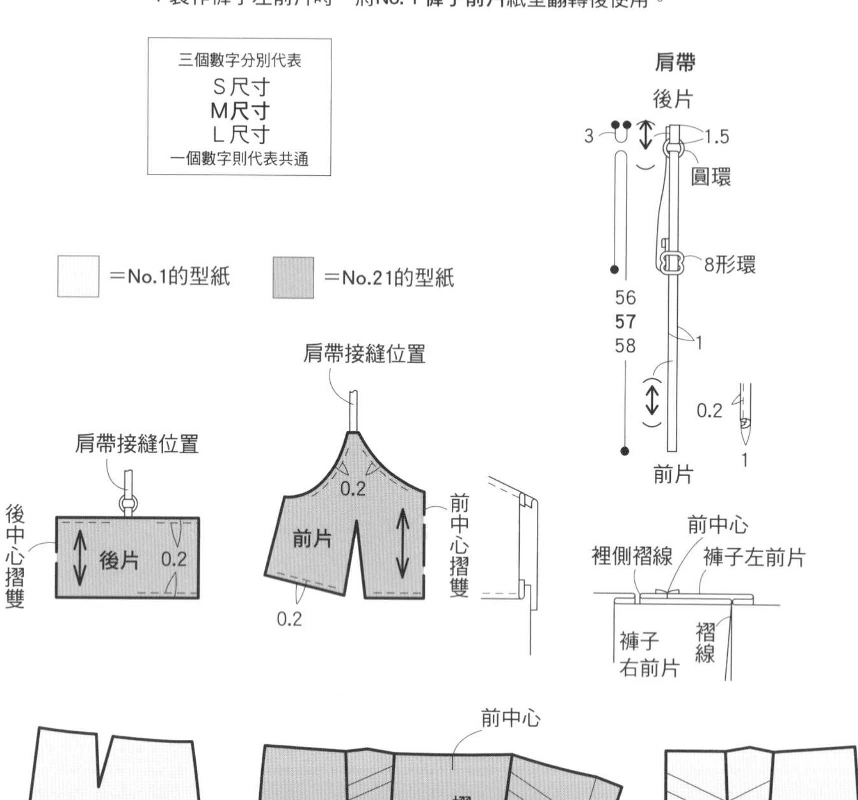

三個數字分別代表
S尺寸
M尺寸
L尺寸
一個數字則代表共通
=No.1的型紙
=No.21的型紙
肩帶
後片
3
1.5
圓環
8形環
56
57
58
1
0.2
1
前片
肩帶接縫位置
後中心摺雙
後片
0.2
0.2
前片
前中心摺雙
0.2
前中心
裡側褶線
褲子左前片
褲子右前片
褶線

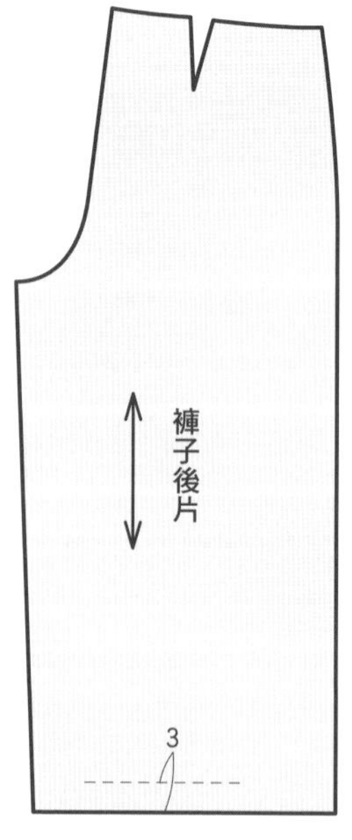

褲子後片
3

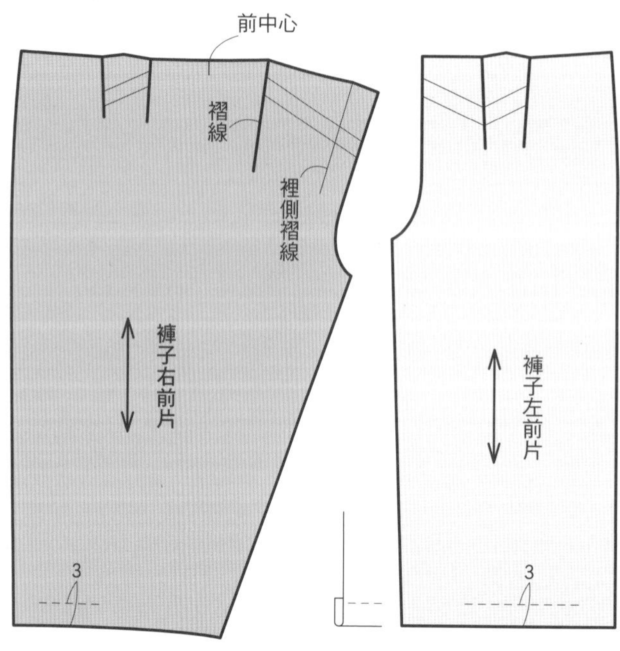

前中心
褶線
裡側褶線
褲子右前片
3
褲子左前片
3

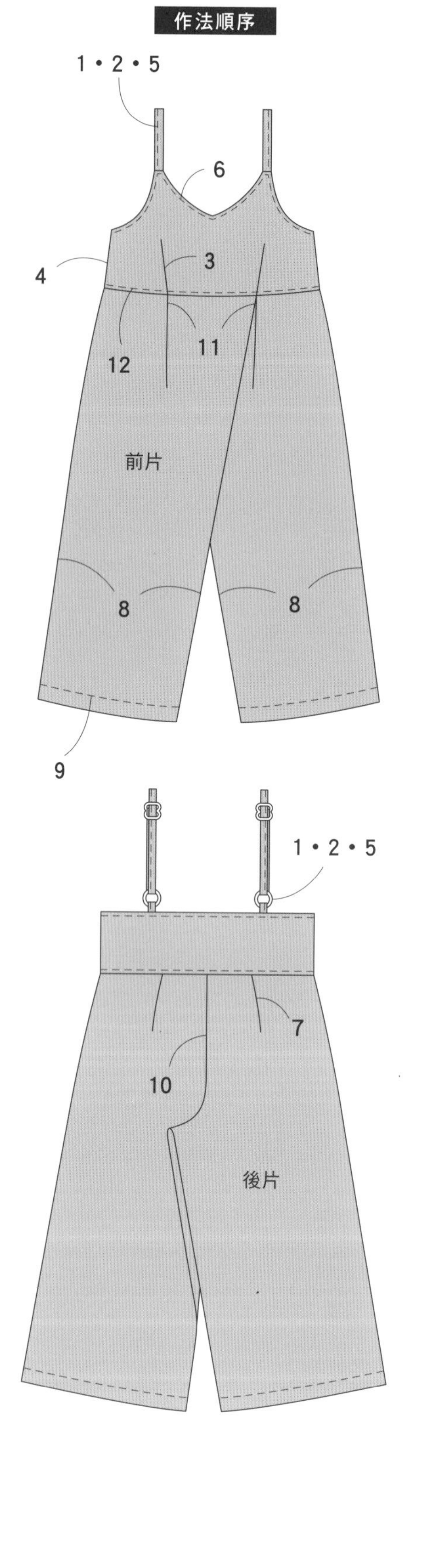

作法順序
1・2・5
6
3
4
11
12
前片
8
8
9
1・2・5
7
10
後片

作法 ◆準備◆裁布端進行Z字形車縫（褲子的脇邊線、下襬線、股下線、褲檔線）

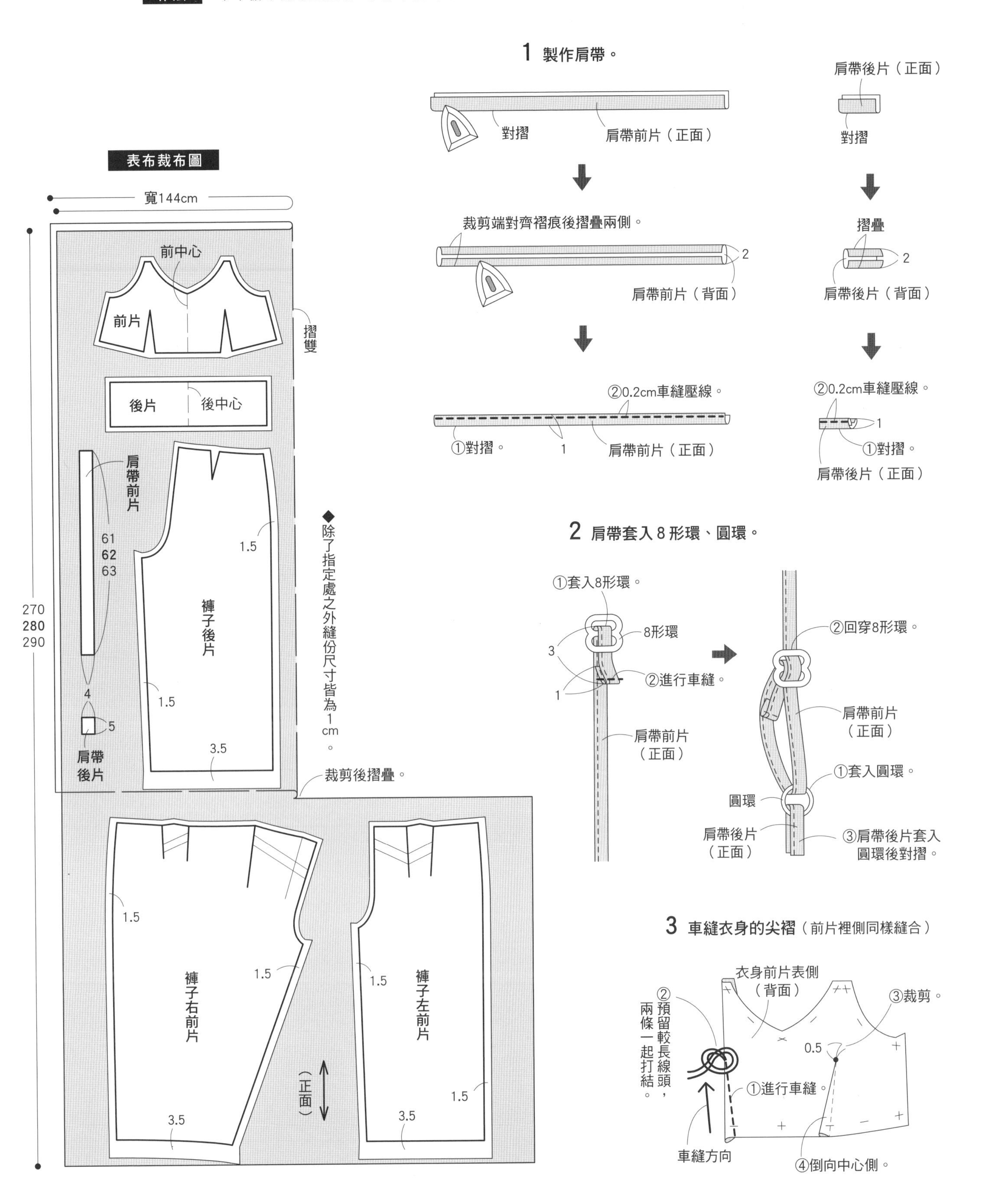

1 製作肩帶。
對摺
肩帶前片（正面）
肩帶後片（正面）
對摺
裁剪端對齊褶痕後摺疊兩側。
2
肩帶前片（背面）
摺疊
2
肩帶後片（背面）
②0.2cm車縫壓線。
①對摺。
1
肩帶前片（正面）
②0.2cm車縫壓線。
1
①對摺。
肩帶後片（正面）
2 肩帶套入8形環、圓環。
①套入8形環。
8形環
3
②進行車縫。
1
肩帶前片（正面）
②回穿8形環。
肩帶前片（正面）
①套入圓環。
圓環
肩帶後片（正面）
③肩帶後片套入圓環後對摺。
3 車縫衣身的尖褶（前片裡側同樣縫合）
衣身前片表側（背面）
③裁剪。
②預留較長線頭，兩條一起打結。
0.5
①進行車縫。
車縫方向
④倒向中心側。
表布裁布圖
寬144cm
270
280
290
前中心
前片
摺雙
後片
後中心
肩帶前片
61
62
63
4
5
肩帶後片
1.5
褲子後片
1.5
3.5
◆除了指定處之外縫份尺寸皆為1cm。
裁剪後摺疊。
1.5
褲子右前片
1.5
3.5
（正面）
1.5
褲子左前片
1.5
3.5

4 縫合衣身表側、衣身裡側的的脇邊線部位。

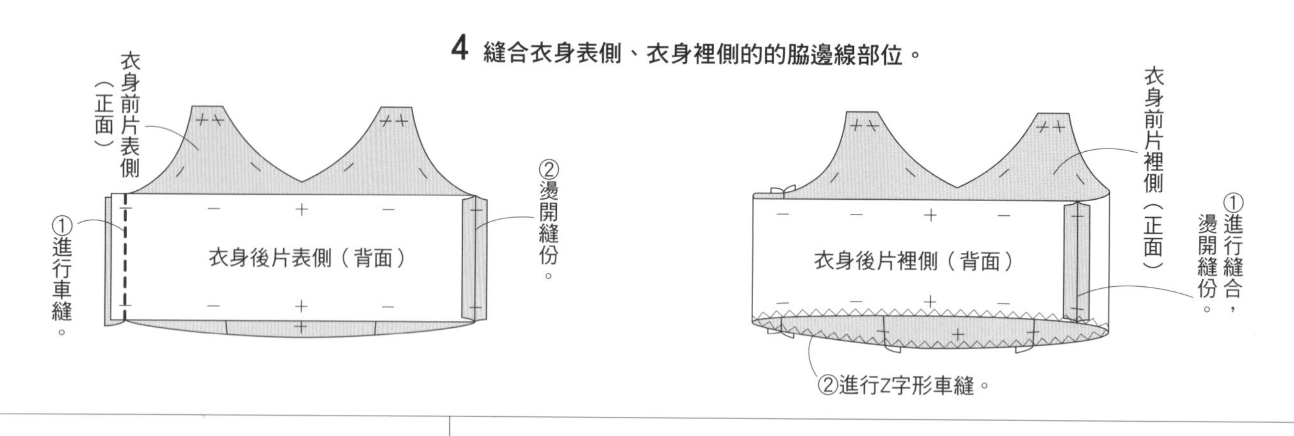
衣身前片表側（正面）
②燙開縫份。
①進行車縫。
衣身後片表側（背面）
衣身前片裡側（正面）
①進行縫合，燙開縫份。
衣身後片裡側（背面）
②進行Z字形車縫。

5 將肩帶縫合固定於衣身表側。

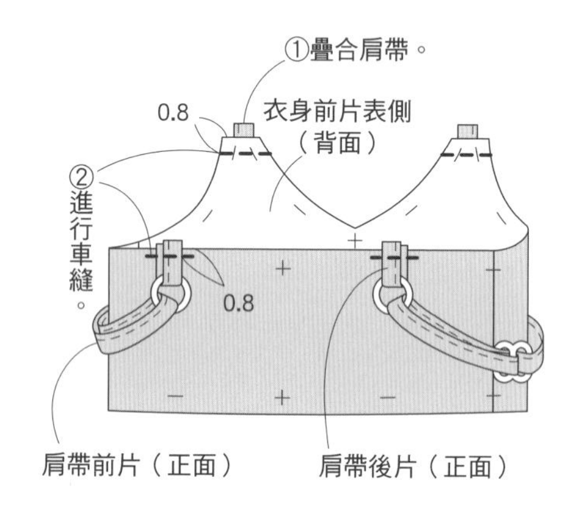
①疊合肩帶。
0.8
衣身前片表側（背面）
②進行車縫。
0.8
肩帶前片（正面）
肩帶後片（正面）

6 縫合衣身表側＆衣身裡側。

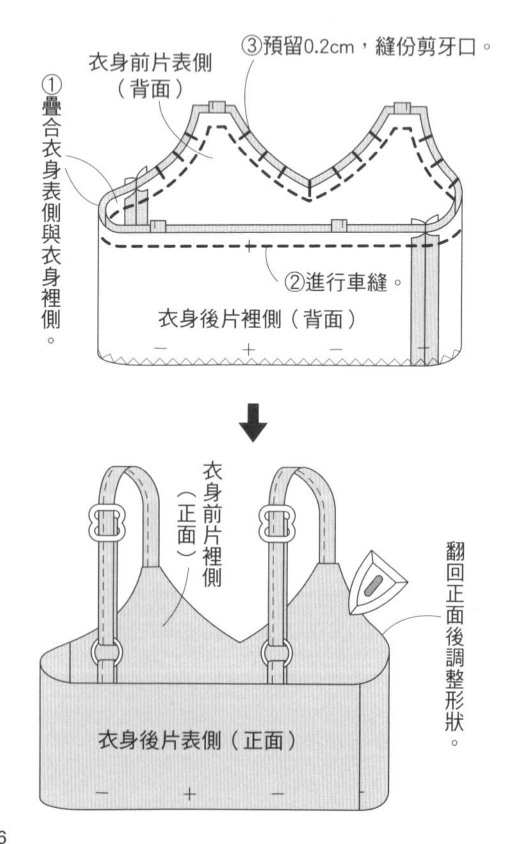
③預留0.2cm，縫份剪牙口。
衣身前片表側（背面）
①疊合衣身表側與衣身裡側。
②進行車縫。
衣身後片裡側（背面）
衣身前片裡側（正面）
翻回正面後調整形狀。
衣身後片表側（正面）

7 車縫褲子後片的尖褶。

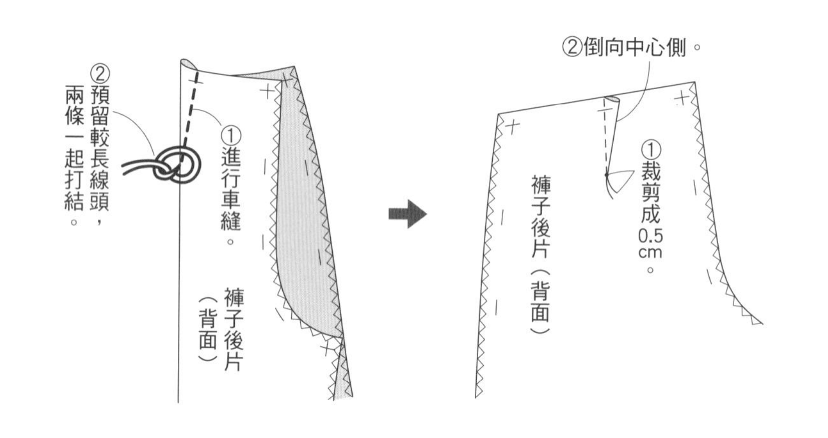
②預留較長線頭，兩條一起打結。
①進行車縫。
褲子後片（背面）
②倒向中心側。
①裁剪成0.5cm。
褲子後片（背面）

8 縫合褲子的脇邊線、股下線部位。

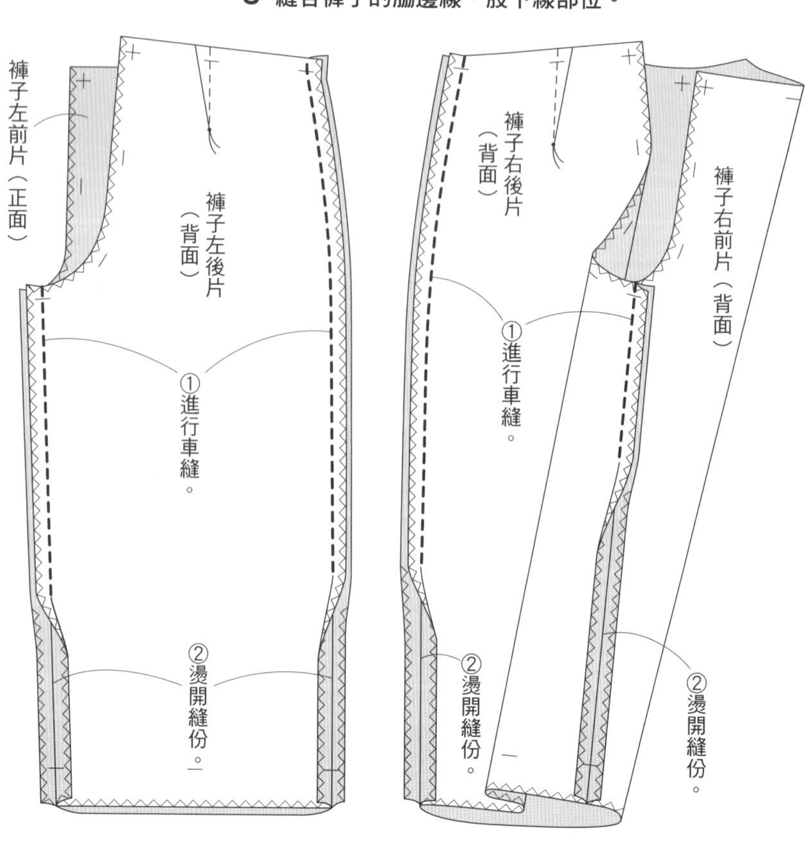
褲子左前片（正面）
褲子左後片（背面）
①進行車縫。
②燙開縫份。
褲子右後片（背面）
褲子右前片（背面）
①進行車縫。
②燙開縫份。
②燙開縫份。

9 縫合下襬線部位。

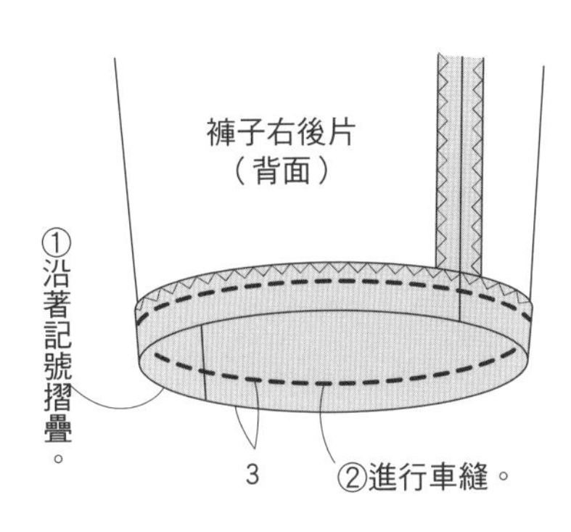

褲子右後片
（背面）
①沿著記號摺疊。
3
②進行車縫。

10 縫合褲襠線部位。

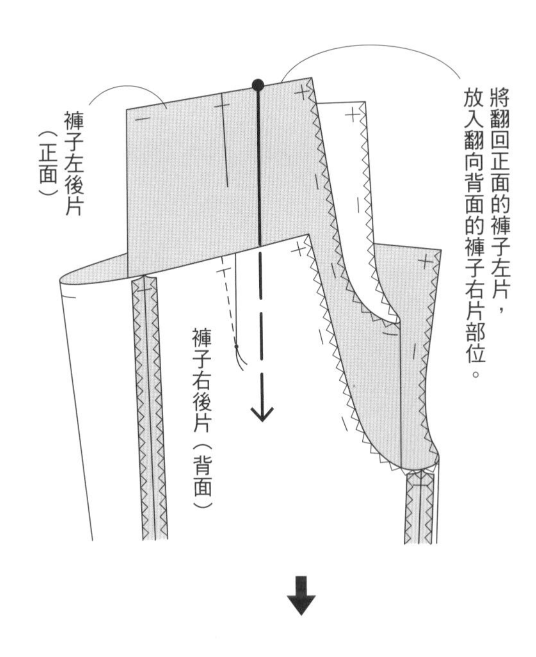

褲子左後片（正面）
將翻回正面的褲子左片，放入翻向背面的褲子右片部位。
褲子右後片（背面）

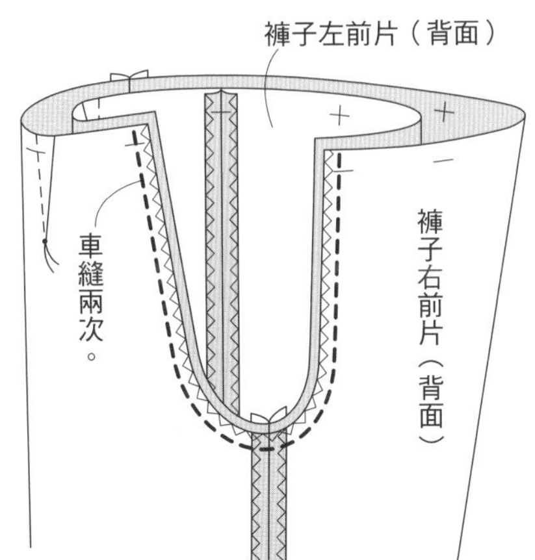

褲子左前片（背面）
車縫兩次。
褲子右前片（背面）

11 摺疊褶襉。

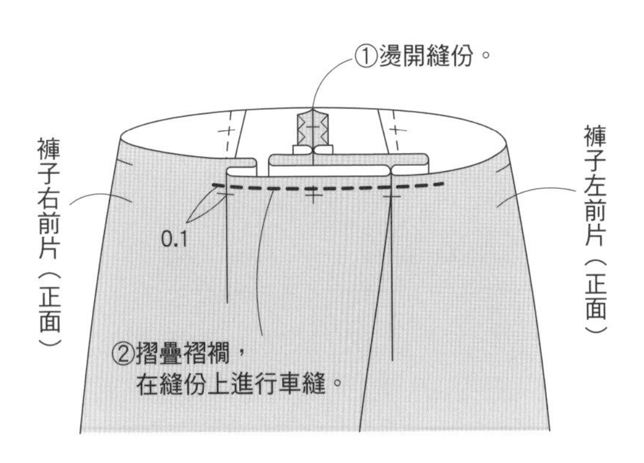

①燙開縫份。
褲子右前片（正面）
褲子左前片（正面）
0.1
②摺疊褶襉，
在縫份上進行車縫。

12 縫合衣身＆褲子。

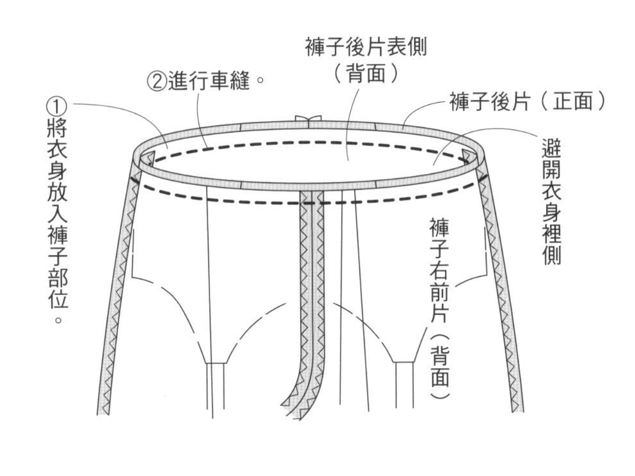

褲子後片表側
（背面）
②進行車縫。
褲子後片（正面）
①將衣身放入褲子部位。
避開衣身裡側
褲子右前片（背面）

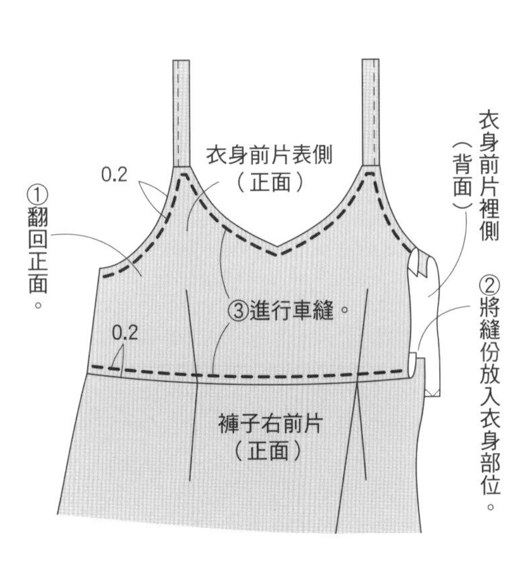

衣身前片表側
（正面）
0.2
衣身前片裡側（背面）
①翻回正面。
③進行車縫。
0.2
②將縫份放入衣身部位。
褲子右前片
（正面）

完成

P.30 No.**22**

材料　　　　　　　　尺寸	S	M	L
表布（half linen Twill）　寬110cm	420cm	430cm	440cm
日形環　　內尺寸3cm	2顆	2顆	2顆
暗釦　　直徑0.7cm	2組	2組	2組
完成尺寸　　前長（不含肩帶部分）	102.3cm	105cm	107.7cm

三個數字分別代表
S尺寸
M尺寸
L尺寸
一個數字則代表共通

原寸紙型　B面18／B面22

◆使用部位…B面18：前片

B面22：裙子

＊肩帶為直線部位，直接在布料上作記號後進行裁剪。

▒＝No.18的型紙　□＝No.22的型紙

◆除了指定處之外縫份尺寸皆為1cm。

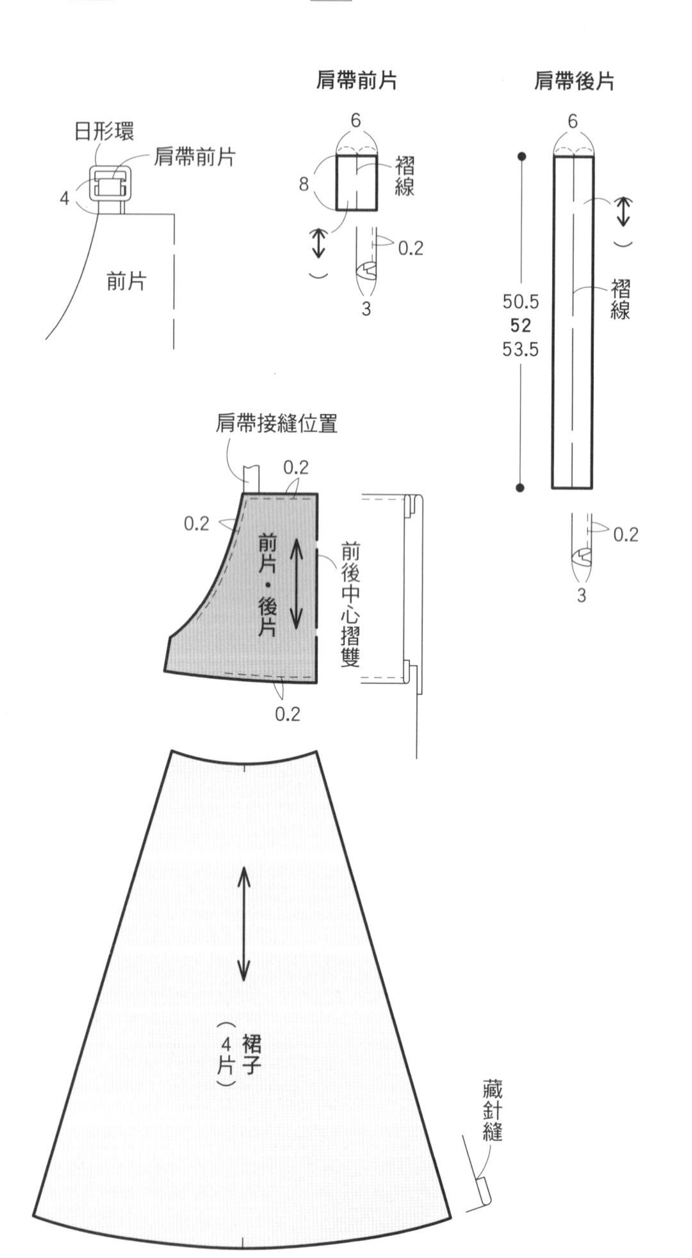

肩帶前片
肩帶後片
日形環
肩帶前片
4
前片
6
8
摺線
0.2
3
6
50.5
52
53.5
摺線
0.2
3
肩帶接縫位置
0.2
0.2
前片・後片
前後中心摺雙
0.2
裙子（4片）
藏針縫

表布裁布圖

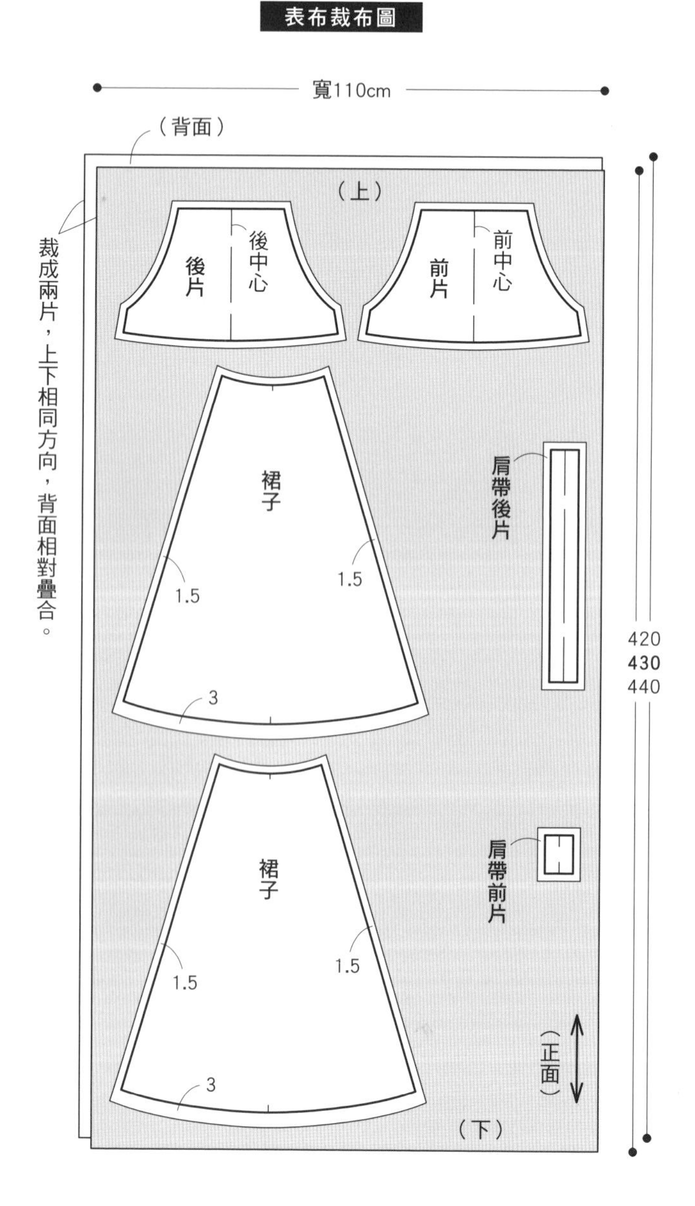

寬110cm
（背面）
（上）
裁成兩片，上下相同方向，背面相對疊合。
後片
後中心
前片
前中心
裙子
1.5
1.5
3
肩帶後片
420
430
440
裙子
1.5
1.5
3
肩帶前片
（正面）
（下）

作法順序

1・3
8
4
2
7
5
6

作法 ◆準備◆裁布端進行Z字形車縫。
（衣身裡側的腰線、裙子的剪接線、下襬線）

1 製作肩帶。

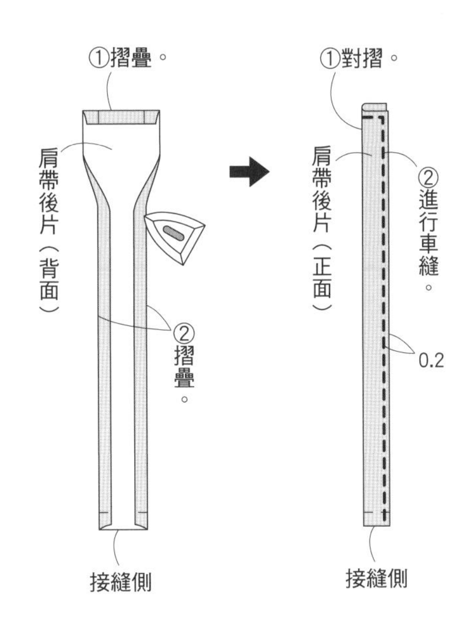

①摺疊。
肩帶後片（背面）
②摺疊。
接縫側
①對摺。
肩帶後片（正面）
②進行車縫。
0.2
接縫側

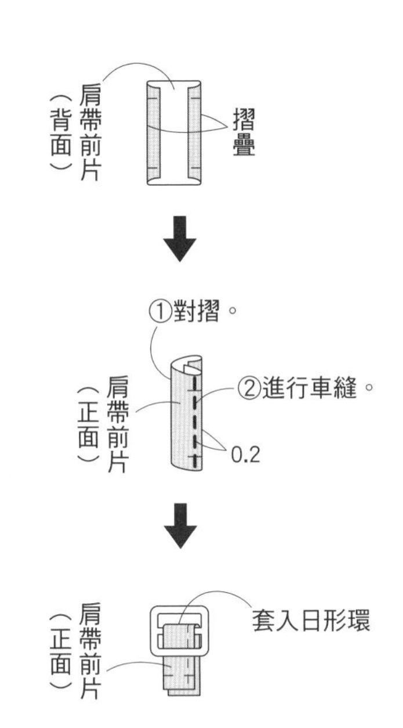

肩帶前片（背面）
摺疊
①對摺。
肩帶前片（正面）
②進行車縫。
0.2
肩帶前片（正面）
套入日形環

2 縫合衣身的脇邊線部位。

※衣身表側同樣縫合。

衣身後片裡側（正面）
①車縫至記號為止。
衣身前片裡側（背面）
②燙開縫份。

3 將肩帶接縫於衣身表側。

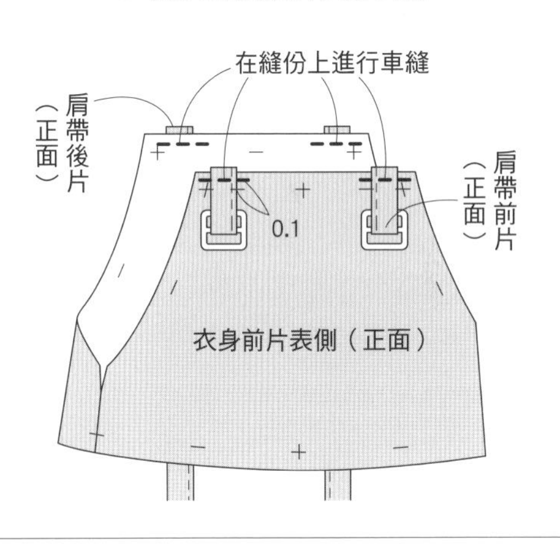

在縫份上進行車縫
肩帶後片（正面）
肩帶前片（正面）
0.1
衣身前片表側（正面）

4 縫合衣身表側＆衣身裡側。

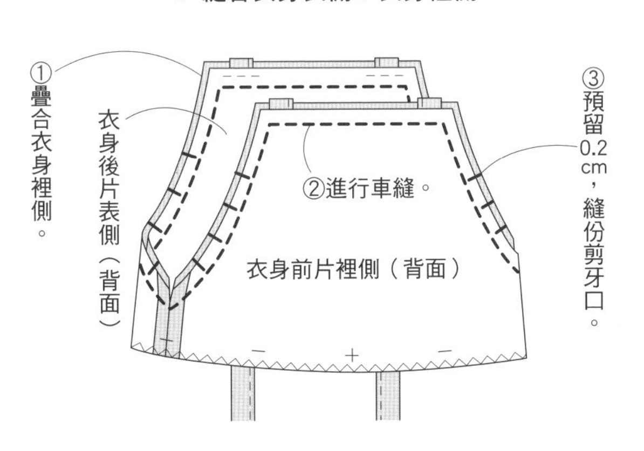

①疊合衣身裡側。
衣身後片表側（背面）
②進行車縫。
③預留0.2cm，縫份剪牙口。
衣身前片裡側（背面）

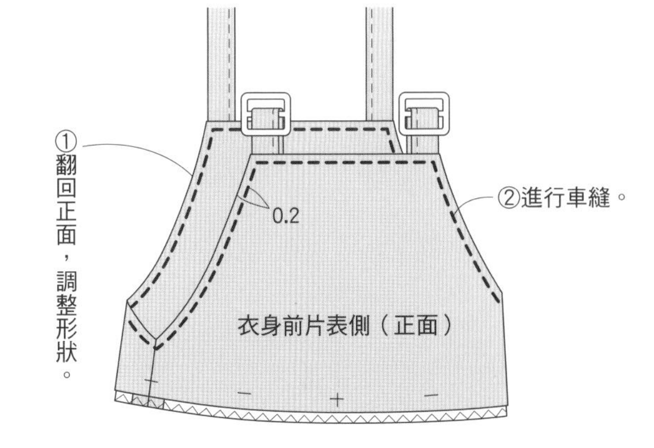

①翻回正面，調整形狀。
0.2
②進行車縫。
衣身前片表側（正面）

5 縫合四片裙子。

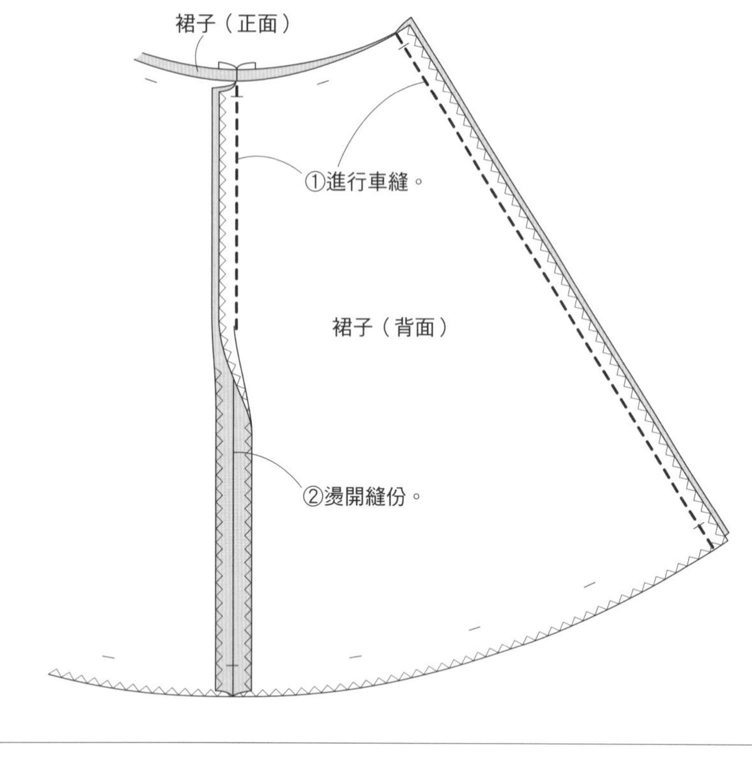

裙子（正面）
①進行車縫。
裙子（背面）
②燙開縫份。

6 縫合下襬線部位。

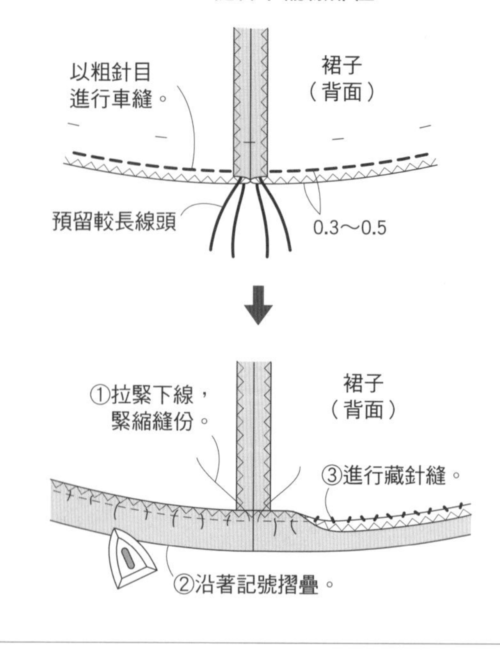

以粗針目
進行車縫。
裙子
（背面）
預留較長線頭
0.3～0.5
①拉緊下線，
緊縮縫份。
裙子
（背面）
③進行藏針縫。
②沿著記號摺疊。

7 縫合衣身＆裙子。

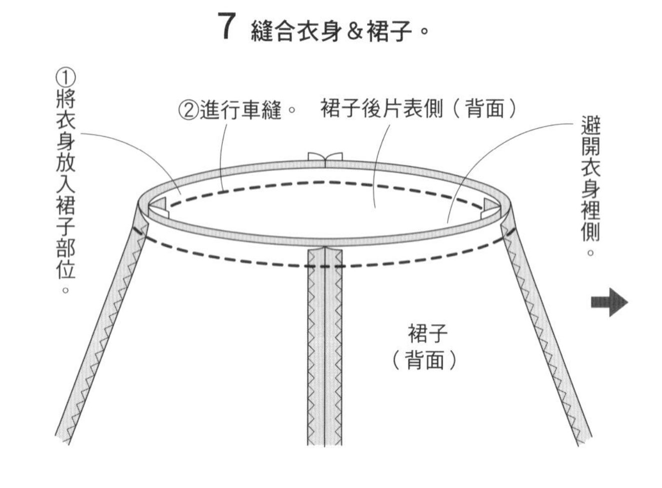

①將衣身放入裙子部位。
②進行車縫。
裙子後片表側（背面）
避開衣身裡側。
裙子
（背面）

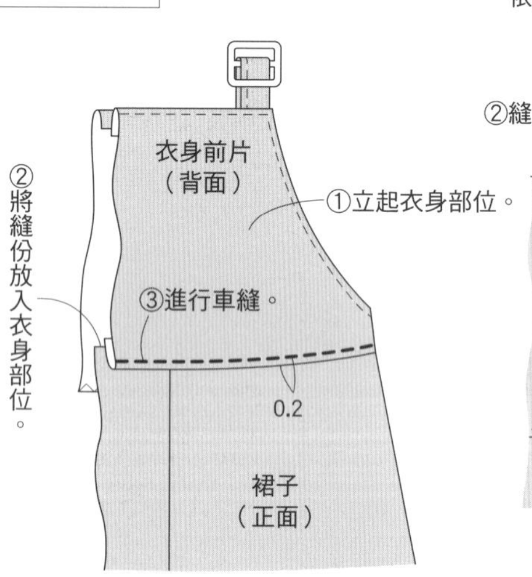

②將縫份放入衣身部位。
衣身前片
（背面）
①立起衣身部位。
③進行車縫。
0.2
裙子
（正面）

8 縫上暗釦。

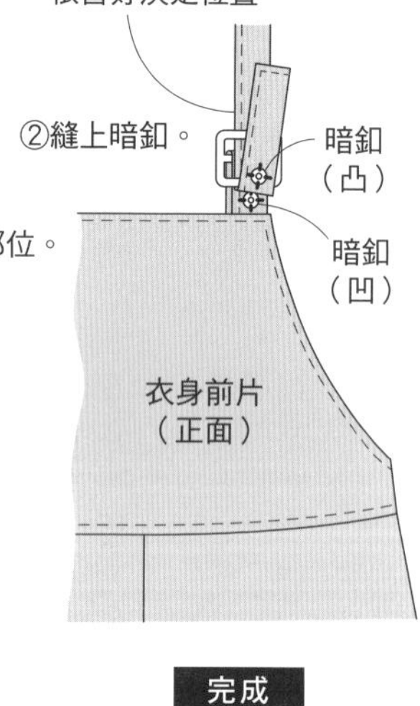

①肩帶套入日形環，
依喜好決定位置。
②縫上暗釦。
暗釦
（凸）
暗釦
（凹）
衣身前片
（正面）

完成

＊藏針縫縫法＊

挑縫1至2條織線。

（背面）

0.5～0.7

依照Z字形車縫部分的寬度，
摺疊後微微地挑縫摺線部位。

＊線圈作法＊

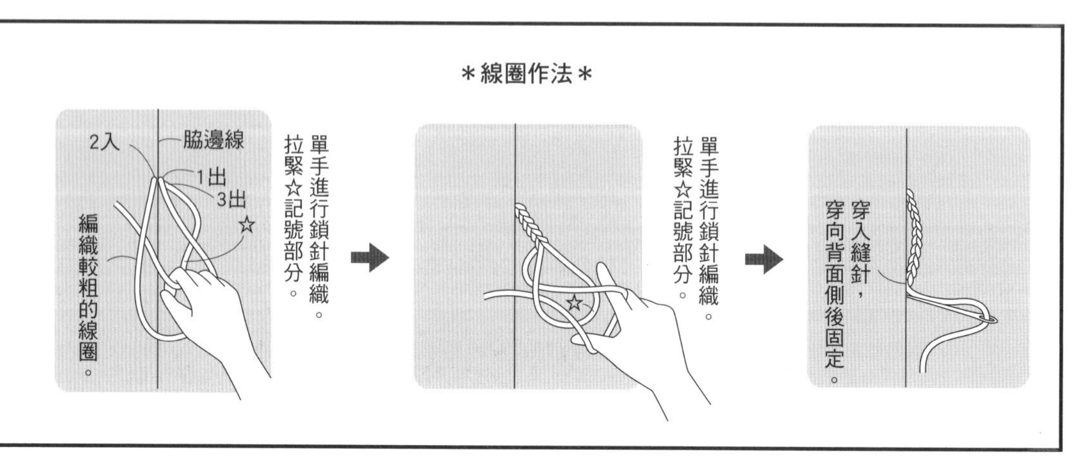

2入
脇邊線
1出
3出
☆
編織較粗的線圈。
單手進行鎖針編織。拉緊☆記號部分。
單手進行鎖針編織。拉緊☆記號部分。
☆
穿入縫針，穿向背面側後固定。

Sewing 縫紉家 39

一件有型
文青女子系連身褲＆連身裙

授　　權／Boutique-sha
譯　　者／林麗秀
發 行 人／詹慶和
執行編輯／劉蕙寧
編　　輯／蔡毓玲．黃璟安．陳姿伶
封面設計／韓欣恬
美術編輯／陳麗娜・周盈汝
內頁排版／韓欣恬
出 版 者／雅書堂文化事業有限公司
發 行 者／雅書堂文化事業有限公司
郵撥帳號／18225950　郵政劃撥戶名：雅書堂文化事業有限公司
地　　址／新北市板橋區板新路206號3樓
網　　址／www.elegantbooks.com.tw
電子郵件／elegant.books@msa.hinet.net
電　　話／(02)8952-4078
傳　　真／(02)8952-4084

2020年09月初版一刷　定價 420 元

Lady Boutique Series No.4761
IMA KITAI SALOPETTE TO JUMPER SKIRT

經銷／易可數位行銷股份有限公司
地址／新北市新店區寶橋路235巷6弄3號5樓
電話／(02)8911-0825　傳真／(02)8911-0801

國家圖書館出版品預行編目(CIP)資料

一件有型・文青女子系連身褲＆連身裙 / Boutique-sha授權; 林麗秀譯.
-- 初版. -- 新北市 : 雅書堂文化, 2020.09
面 ;　公分. -- (Sewing縫紉家; 39)
ISBN 978-986-302-553-5 (平裝)

1.縫紉 2.衣飾 3.女裝

426.3　　109013215

Staff

責任編輯／渡部恵理子　坪明美
作法校閱／関口恭子
攝影／中島繁樹
髮裝／三輪昌子
模特兒／エモン美由貴
書籍設計／紫垣和江
插畫／たけうちみわ（trille-biz）
紙型・紙型製作／中村有里

攝影協力

ATRENA（アトレナ）
MDA
靴下屋（Tabio） http://www.tabio.com
Cepo（BLUEMATE） http://www.cepo.jp
Diana銀座本店 http://www.dianashoes.com
prit
RABOKIGOSHI

ONE-PIECE